21 世纪高等学校机械设计
制造及其自动化专业参考书

机电传动控制学习辅导与题解

（修订版）

冯清秀　邓星钟　周祖德　邓　坚

（与冯清秀、邓星钟等编著的《机电传动控制》（第五版）配套使用）

华中科技大学出版社

中国·武汉

内 容 简 介

本书是冯清秀、邓星钟等编著的教材《机电传动控制》(第五版)的教学辅导书,按照教材的章节,逐一简述应掌握的基本概念和知识、基本要求、重点和难点,同时还对教学方面提出了一些建议,供授课教师参考。本书通过诸多例题介绍了解题的思路和方法,并适当扩展了教材中部分理论联系实际的内容,亦提供了适量的自测练习题及参考答案,最后给出了4套模拟试题及参考答案。

本书既可帮助学生加深对教材内容的理解和掌握,又可帮助从事该课程教学的教师开展教学、研究,也可供准备报考研究生的读者和从事机电一体化工作的工程技术人员参考。

图书在版编目(CIP)数据

机电传动控制学习辅导与题解/冯清秀,邓星钟,周祖德,邓坚. —2版(修订版). —武汉:华中科技大学出版社,2014.12(2024.8重印)
ISBN 978-7-5609-9761-2

Ⅰ.①机… Ⅱ.①冯… ②邓… ③周… ④邓… Ⅲ.①电力传动控制设备-高等学校-教学参考资料 Ⅳ.①TM921.5

中国版本图书馆 CIP 数据核字(2014)第 290070 号

机电传动控制学习辅导与题解(修订版)   冯清秀 邓星钟 周祖德 邓 坚

责任编辑:徐正达
封面设计:李 嫚
责任校对:刘 竣
责任监印:张正林
出版发行:华中科技大学出版社(中国·武汉)   电话:(027)81321913
           武汉市东湖新技术开发区华工科技园   邮编:430223
录   排:华中科技大学惠友文印中心
印   刷:武汉邮科印务有限公司
开   本:787mm×960mm   1/16
印   张:10
字   数:223 千字
版   次:2008 年 1 月第 1 版   2024 年 8 月第 2 版第 8 次印刷
定   价:29.80 元

本书若有印装质量问题,请向出版社营销中心调换
全国免费服务热线:400-6679-118   竭诚为您服务
版权所有   侵权必究

前 言

"机电传动控制"课程是普通高等学校机械设计制造及其自动化、机械电子工程(机电一体化)等机械类专业的一门技术基础主干课程。《机电传动控制》一书出版后,诸多兄弟院校选用该书作为教材,现已出版了第五版。为了配合教学和帮助学生提高学习效率,深刻理解教材中各章节的要点和难点,掌握解决问题的思路和方法,我们根据多年来所积累的教学和实践经验、学生学习中反映出的问题,编写了《机电传动控制学习辅导与题解》。书中不但对各章的要点和难点进行了归纳,还对大量的有代表性的例题进行了剖析,并编入了自测练习题及参考答案。每章后专列"关于教学方面的建议"一节,供授课教师参考。为与教材《机电传动控制》(第五版)同步,这次我们重新编写了《机电传动控制学习辅导与题解》。

本书可供机械设计制造及其自动化、机械电子工程等机械类专业的大学本科、专科学生以及职业教育的学生学习使用,也可作为讲授"机电传动控制"课程的教师和准备报考硕士研究生的读者作参考用书。

需要说明的是,在编写的过程中,考虑到篇幅的限制,本书仍然基本上只列举了教材中尚未出现的例题,而对教材中的例题,读者应该引起足够的重视。也就是说,本书的例题只是对教材内容某些方面的扩充,并不覆盖教材的全部。另外,本书在内容的安排、问题的描述上,尽量与教材保持一致,但并没有苛求完全相同,而对教材中的有些问题作适当的扩展,读者在使用本书时,可以根据自己的实际情况进行取舍。

书中参考或引用了书后所列资料的素材,也参考了一些高校的研究生入学考试试题,特此致谢。

由于我们缺乏编写这类书籍的经验,所以肯定问题不少,恳请读者多提意见并批评指正。

编 者
2014 年 12 月

目录

第1章 绪论 …………………………………………………………………… (1)
 1.1 对本课程学习的基本要求 ………………………………………… (1)
 1.2 学好本课程的方法 ………………………………………………… (1)
 1.3 对本课程教学方案的建议 ………………………………………… (1)
 1.4 作业与自测练习 …………………………………………………… (2)
 1.5 实验 ………………………………………………………………… (3)
第2章 机电传动系统的动力学基础 …………………………………… (4)
 2.1 知识要点 …………………………………………………………… (4)
  2.1.1 基本内容 ……………………………………………………… (4)
  2.1.2 基本要求 ……………………………………………………… (7)
  2.1.3 重点与难点 …………………………………………………… (7)
 2.2 例题解析 …………………………………………………………… (8)
 2.3 学习自评 …………………………………………………………… (16)
  2.3.1 自测练习 ……………………………………………………… (16)
  2.3.2 自测练习参考答案 …………………………………………… (18)
 2.4 关于教学方面的建议 ……………………………………………… (19)
第3章 直流电机的工作原理及特性 …………………………………… (20)
 3.1 知识要点 …………………………………………………………… (20)
  3.1.1 基本内容 ……………………………………………………… (20)
  3.1.2 基本要求 ……………………………………………………… (25)
  3.1.3 重点与难点 …………………………………………………… (25)
 3.2 例题解析 …………………………………………………………… (26)
 3.3 学习自评 …………………………………………………………… (29)
  3.3.1 自测练习 ……………………………………………………… (29)
  3.3.2 自测练习参考答案 …………………………………………… (30)

3.4　关于教学方面的建议……………………………………………………(31)

第 4 章　交流电动机的工作原理及特性……………………………………(32)
4.1　知识要点………………………………………………………………(32)
    4.1.1　基本内容……………………………………………………(32)
    4.1.2　基本要求……………………………………………………(35)
    4.1.3　重点与难点…………………………………………………(35)
4.2　例题解析………………………………………………………………(35)
4.3　学习自评………………………………………………………………(50)
    4.3.1　自测练习……………………………………………………(50)
    4.3.2　自测练习参考答案…………………………………………(52)
4.4　关于教学方面的建议…………………………………………………(53)

第 5 章　控制电动机…………………………………………………………(54)
5.1　知识要点………………………………………………………………(54)
    5.1.1　基本内容……………………………………………………(54)
    5.1.2　基本要求……………………………………………………(56)
    5.1.3　重点与难点…………………………………………………(56)
5.2　例题解析………………………………………………………………(56)
5.3　学习自评………………………………………………………………(60)
    5.3.1　自测练习……………………………………………………(60)
    5.3.2　自测练习参考答案…………………………………………(60)
5.4　关于教学方面的建议…………………………………………………(60)

第 6 章　继电器-接触器控制………………………………………………(61)
6.1　知识要点………………………………………………………………(61)
    6.1.1　基本内容……………………………………………………(61)
    6.1.2　基本要求……………………………………………………(62)
    6.1.3　重点与难点…………………………………………………(62)
6.2　例题解析………………………………………………………………(62)
6.3　学习自评………………………………………………………………(71)
    6.3.1　自测练习……………………………………………………(71)
    6.3.2　自测练习参考答案…………………………………………(73)
6.4　关于教学方面的建议…………………………………………………(73)

第 7 章　可编程控制器原理与应用…………………………………………(74)
7.1　知识要点………………………………………………………………(74)

  7.1.1 基本内容 ……………………………………………………………… (74)
  7.1.2 基本要求 ……………………………………………………………… (75)
  7.1.3 重点与难点 …………………………………………………………… (75)
 7.2 例题解析 ……………………………………………………………………… (76)
 7.3 学习自评 ……………………………………………………………………… (84)
  7.3.1 自测练习 ……………………………………………………………… (84)
  7.3.2 自测练习参考答案(略) ……………………………………………… (87)
 7.4 关于教学方面的建议 ………………………………………………………… (87)

第 8 章 电力电子学基础 ……………………………………………………………… (88)
 8.1 知识要点 ……………………………………………………………………… (88)
  8.1.1 基本内容 ……………………………………………………………… (88)
  8.1.2 基本要求 ……………………………………………………………… (92)
  8.1.3 重点与难点 …………………………………………………………… (92)
 8.2 例题解析 ……………………………………………………………………… (93)
 8.3 学习自评 ……………………………………………………………………… (101)
  8.3.1 自测练习 ……………………………………………………………… (101)
  8.3.2 自测练习参考答案 …………………………………………………… (102)
 8.4 关于教学方面的建议 ………………………………………………………… (103)

第 9 章 直流调速系统 …………………………………………………………………… (104)
 9.1 知识要点 ……………………………………………………………………… (104)
  9.1.1 基本内容 ……………………………………………………………… (104)
  9.1.2 基本要求 ……………………………………………………………… (106)
  9.1.3 重点与难点 …………………………………………………………… (107)
 9.2 例题解析 ……………………………………………………………………… (107)
 9.3 学习自评 ……………………………………………………………………… (113)
  9.3.1 自测练习 ……………………………………………………………… (113)
  9.3.2 自测练习参考答案 …………………………………………………… (115)
 9.4 关于教学方面的建议 ………………………………………………………… (115)

第 10 章 交流自动调速控制系统 ……………………………………………………… (116)
 10.1 知识要点 …………………………………………………………………… (116)
  10.1.1 基本内容 …………………………………………………………… (116)
  10.1.2 基本要求 …………………………………………………………… (117)
  10.1.3 重点与难点 ………………………………………………………… (117)

10.2　例题解析……………………………………………………………………(118)
　　10.3　学习自评……………………………………………………………………(119)
　　　　10.3.1　自测练习………………………………………………………………(119)
　　　　10.3.2　自测练习参考答案(略)………………………………………………(120)
　　10.4　关于教学方面的建议………………………………………………………(120)
第11章　步进电动机控制系统……………………………………………………………(121)
　　11.1　知识要点……………………………………………………………………(121)
　　　　11.1.1　基本内容………………………………………………………………(121)
　　　　11.1.2　基本要求………………………………………………………………(122)
　　　　11.1.3　重点与难点……………………………………………………………(122)
　　11.2　例题解析(略)………………………………………………………………(122)
　　11.3　学习自评(略)………………………………………………………………(122)
　　11.4　关于教学方面的建议(略)…………………………………………………(122)
附录　模拟试题及参考答案………………………………………………………………(123)
　　模拟试题Ⅰ…………………………………………………………………………(123)
　　模拟试题Ⅱ…………………………………………………………………………(131)
　　模拟试题Ⅲ…………………………………………………………………………(138)
　　模拟试题Ⅳ…………………………………………………………………………(145)

绪论

1.1 对本课程学习的基本要求

本课程的前修课程主要是电路和磁路、模拟电子技术、数字电子技术,后续课程主要是数控技术。对本课程学习的基本要求是:

(1) 了解机电传动控制系统的组成,掌握机电传动的基本规律;

(2) 掌握常用电动机、常用电器、电力电子器件及其基本电路的基本工作原理和主要特性,了解其应用与选用;

(3) 掌握继电器-接触器控制电路、可编程控制器的基本工作原理,学会用它们来实现生产过程的自动控制;

(4) 掌握常用的开环、闭环自动控制系统的基本工作原理和特点,了解其性能和应用;

(5) 学会分析机电传动控制系统的基本方法。

1.2 学好本课程的方法

学习时,首先要了解问题是如何提出的,特别要注意对基本概念、基本工作原理、基本公式的理解和掌握,学会分析问题的思路和方法,注意各部分内容之间的联系,了解其应用;然后要做教材中的有关习题、思考题以及本书中的自测练习题,借以检验对所学内容的掌握程度。而以自学为主的读者,必须合理安排时间,按计划阅读教材,按步骤要求完成指定的作业,提高学习效率。

1.3 对本课程教学方案的建议

本课程的教学总时数为72学时,课堂讲授时数为56学时,8个实验为16学时。《机电传动控制》教材的参考教学方案包括以下两部分:

(1) 各教学环节学时分配,如表1.1.1所示。

表 1.1.1

章	内容	讲课学时数	实验 个数	实验 学时数
第 1 章	绪论	1		
第 2 章	机电传动系统的动力学基础	2		
第 3 章	直流电机的工作原理及特性	6		
第 4 章	交流电动机的工作原理及特性	7		
第 5 章	控制电动机	4		
第 6 章	继电器-接触器控制	6	1	2
第 7 章	可编程控制器原理与应用	8	3	6
第 8 章	电力电子学基础	6	1	2
第 9 章	直流调速系统	6	1	2
第 10 章	交流自动调速控制系统	6	1	2
第 11 章	步进电动机控制系统	4	1	2
	总计	56	8	16

（2）教学方案。本教学方案仅供教师使用该教材时参考，总的想法是：

① 坚持"教师为主导，学生为主体"的思想，教师的"精讲"与学生的"自学"相结合，教师主要起"启发"和"引导"的作用，贯彻"少而精"的原则，以点带面去激发学生获得更多知识的欲望，调动学生的学习自觉性；

② 要采用多媒体教学手段和现场教学的方法，理论联系实际，以增加课堂教学信息量，加强学生的感性认识，培养学生的创新能力；

③ 结合学生的作业可采用一些课堂讨论，以调动学生的学习兴趣和积极性，使课堂"活"起来，提供"相互学习"的机会，培养学生探索与追求知识的能力；

④ 本课程的课内学时与课外学时比为 1：1.5。

至于各章节内容的取舍和教学方法，将在各章后提出一些建议，但这些浅见仅供教师们在所处的具体条件下教学时参考，也欢迎老师们多反馈宝贵经验，共同探讨最佳的教学方案。

1.4 作业与自测练习

在学懂书中基本内容的基础上再做一些习题，可以起到巩固概念、熟练运算、启发思维的作用，完成好作业是巩固和加深所学知识、培养分析问题和解决问题能力的有效途径。为此，各章配备了适当的习题，解题时要看懂题意，注意分析，对号入座，不要乱套。本书介绍的解题方法只供参考(有的题解也不是唯一的),绝对不要去拼凑答案。未指定要做的习题与思考题,也要逐个思考,找出解决问题的理论依据和思路。通过对自测练习的试做,可以较全面地检查对各章所学内容的掌握程度。

1.5 实 验

本课程拟开出的8个实验(每个实验2学时)是:
(1) 交流电动机的继电器-接触器控制;
(2) 可编程控制器(一);
(3) 可编程控制器(二);
(4) 可编程控制器(三);
(5) 晶闸管特性及可控整流电路;
(6) 直流电动机闭环调速系统;
(7) 交流电动机变频调速系统;
(8) 步进电动机控制系统。

实验是验证和巩固所学理论、训练实践技能、培养求实和严谨的科学作风的重要环节,这对于本课程尤为重要。实验前要仔细阅读说明书,认真准备;实验时要积极思考,多动手,学会正确使用电气设备和仪器,能正确连线和操作;实验后对实验现象和数据要认真分析,写出有收获和体会的实验报告。

第 2 章
机电传动系统的动力学基础

2.1 知识要点

2.1.1 基本内容

1. 机电传动系统的运动方程式

机电传动系统是一个由电动机拖动、并通过传动机构带动生产机械运转的机电运动的动力学整体(如图 2.1.1(a)所示)。尽管电动机种类繁多、特性各异,生产机械的负载性质各种各样,但从动力学的角度来分析时,它们都应服从动力学的统一规律,即在同一传动轴上电动机转矩 T_M、负载转矩 T_L、转轴角速度 ω 三者之间符合以下关系:

$$T_M - T_L = J \frac{d\omega}{dt} \tag{2.1.1}$$

或用转速 n 代替角速度 ω,即

$$T_M - T_L = \frac{GD^2}{375} \frac{dn}{dt} \tag{2.1.2}$$

以上两式称为机电传动系统的运动方程式。

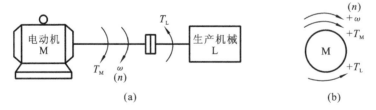

图 2.1.1

机电传动系统的运动方程式是描述机电系统机械运动规律最基本的方程式,它决定着系统的运行状态。当动态转矩 $T_d = T_M - T_L = 0$ 时,系统没有动态转矩,加速度 $a = \frac{dn}{dt} = 0$,系

匀(恒)速运转,即系统处于稳态。当 $T_d \neq 0$ 时,$a = \dfrac{dn}{dt} \neq 0$,系统处于动态。当 $T_d > 0$ 时,$a = \dfrac{dn}{dt}$ 为正,系统加速运动。当 $T_d < 0$ 时,$a = \dfrac{dn}{dt}$ 为负,系统减速运动。因式(2.1.1)和式(2.1.2)中的 T_M、T_L 既有大小也有方向(正或负),故传动系统的运行状态不仅取决于 T_M 和 T_L 的大小,还取决于 T_M 和 T_L 的方向(正或负)。因此,建立机电传动系统的运动方程式和电路平衡方程时,必须规定各电量的正方向,同时必须规定各机械量的正方向。对机电传动系统中各机械量的正方向约定(见图2.1.1(b))如下:在确定了转速 n 的正方向后,电动机转矩 T_M 取与 n 相同的方向为正,负载转矩 T_L 取与 n 相反的方向为正。因此,若 T_M 与 n 符号相同,则表示 T_M 与 n 的方向一致;若 T_L 与 n 符号相同,则表示 T_L 与 n 方向相反。也可以由 T_M、T_L 的方向来确定 T_M、T_L 的正负。

根据上述约定,可以从转矩与转速的符号上判断 T_M 和 T_L 的性质:若 T_M 与 n 符号相同(同为正或同为负),则表示 T_M 的作用方向与 n 相同,T_M 为拖动转矩;若 T_M 与 n 符号相反,则表示 T_M 的作用方向与 n 相反,T_M 为制动转矩。而若 T_L 与 n 符号相同,则表示 T_L 的作用方向与 n 相反,T_L 为制动转矩;若 T_L 与 n 符号相反,则表示 T_L 的作用方向与 n 相同,T_L 为拖动转矩。

2. 多轴系统中转矩、转动惯量和飞轮转矩的折算原则

机电传动系统运动方程式中的转矩、转动惯量及飞轮转矩等,均分别为同一转轴上的数值。若运动系统为多轴系统,则必须将上述各量折算到同一转轴上才能列出整个系统的运动方程式。由于一般均以传动系统的电动机轴为研究对象,因此,一般都是将它们折算到电动机轴上。

转矩折算应依据系统传递功率不变的原则,转动惯量和飞轮转矩折算应依据系统储存的动能不变的原则。

3. 生产机械负载的类型

根据生产机械在运动中所受阻力的性质不同,可以将生产机械负载分成恒转矩型、离心式通风机型、直线型和恒功率型等几种类型的负载,其负载特性分别如教材中的图2.4～图2.7所示。恒转矩型负载又有两种不同性质的负载转矩,即反抗性转矩和位能性转矩。反抗性转矩是由摩擦力、机床切削力等产生的负载转矩,其作用方向恒与运动方向相反,总是阻碍系统运动;位能性转矩是由物体的重力或弹性体的弹性力产生的负载转矩,其作用方向固定不变,与运动的方向无关。

4. 机电传动系统稳定运行的条件

在机电传动系统中,电动机与生产机械连成一体,为了使系统运行合理,就要使电动机的机械特性与生产机械的机械特性尽量相配合。特性配合良好的系统,对其基本要求是稳定运行。

机电传动系统的稳定运行有两层含义：一是系统应能以一定速度匀速运转，即电动机轴上的拖动转矩 T_M 和折算到电动机轴上的负载转矩 T_L 大小相等、方向相反，相互平衡，这是必要条件；二是系统受某种外部干扰作用（如电压波动、负载转矩波动等）而使运行速度稍有变化时，应保证在干扰消除后系统能恢复到原来的运行速度，这是充分条件。

在图 2.1.2 中，曲线 1 为异步电动机的机械特性曲线 $n=f(T_M)$，曲线 2 为由电动机拖动的恒转矩型生产机械的机械特性曲线 $n=f(T_L)$。由图可知，机电传动系统稳定运行的充分必要条件是：

① 电动机的机械特性曲线 $n=f(T_M)$ 与生产机械的机械特性曲线 $n=f(T_L)$ 有交点，如 a、b 两点，交点就是机电传动系统的平衡点。

② 当转速大于平衡点所对应的转速（即 $n'>n$）时，必须有 $T'_M<T_L$，即若干扰使转速上升，当干扰消除后应有 $T'_M-T_L<0$，才能使系统减速而回到平衡点；而当转速小于平衡点所对应的转速（$n''<n$）时，必须有 $T''_M>T_L$，即若干扰使转速下降，当干扰消除后应有 $T''_M-T_L>0$，才能使系统加速而回到平衡点。

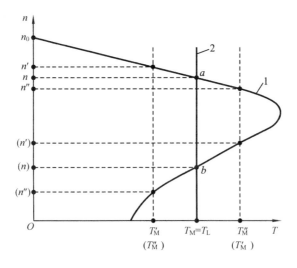

图 2.1.2

只有满足上述两个条件的平衡点，才是拖动系统的稳定平衡点，即只有具备这样的特性配合，系统在受到外界干扰后，才具有恢复到原平衡状态的能力而进入稳定运行。显然，图 2.1.2 中只有点 a 是稳定平衡点，而点 b 不是稳定平衡点。可见，不是随意选一台电动机就可以带动生产机械稳定运行的。

5. 机电传动控制系统的过渡过程

1）机电传动系统产生过渡过程的原因

机电传动系统的工作过程是由一个稳态向另一个稳态过渡的过程，也称为机电传动系统的过渡过程。产生过渡过程的外因是系统的转矩平衡关系被破坏,内因是系统中存有储能的惯性元件。一般机电传动系统中存在有三种惯性:机械惯性、电磁惯性和热惯性。热惯性比机械惯性、电磁惯性小得多,因此,在系统的过渡过程时间内,温度变化甚微,可以不予考虑。在有些情况下,电磁惯性影响也不大,可只考虑机械惯性。

2) 机电传动系统过渡过程的主要描述方法

在研究机电传动系统的过渡过程时,若只考虑机械惯性,则在这种过渡过程中,仅转速 n 不能突变,而电枢电流 I_a 和转矩 T_M 是可以突变的。系统运动规律可通过一阶线性常系数微分方程来描述,其变化规律可以用下列三个式子来表示:

$$n = n_s + (n_i - n_s) e^{-t/\tau_m}$$
$$T_M = T_L + (T_i - T_L) e^{-t/\tau_m}$$
$$I_a = I_L + (I_i - I_L) e^{-t/\tau_m}$$

可见, n、T_M、I_a 都是按指数规律变化的。

3) 加快机电传动系统过渡过程的主要措施

机电传动系统过渡过程的时间与机电时间常数 $\tau_m \left(\tau_m = \dfrac{GD^2}{375} \cdot \dfrac{R}{K_e K_t \Phi^2} \right)$ 有关,为加快系统的过渡过程,应设法减小 τ_m。而且,由过渡过程的时间 $t = \dfrac{GD^2}{375 T_d}(n_2 - n_1)$ 可知,加快系统过渡过程的主要措施有二:①减小系统的飞轮转矩 GD^2;②增大动态转矩 T_d。

从电动机方面考虑,应采用大惯量直流电动机;从控制系统方面考虑,应使系统在过渡过程中获得最佳的转矩波形(或电流波形)。注意,最大电流应保持为电动机过载能力所允许的值 $\lambda_i I_N$。

2.1.2 基本要求

(1) 掌握机电传动系统的运动方程式,并学会用它来分析、判断机电传动系统的运行状态。

(2) 对于多轴机电传动系统,为了列出系统的运动方程式,必须将转矩等进行折算,需掌握折算的基本原则和方法。

(3) 了解几种典型生产机械的机械特性曲线 $n = f(T_L)$。

(4) 掌握机电传动系统稳定运行的条件,并学会用它来分析、判断系统的稳定平衡点。

(5) 了解过渡过程产生的原因、研究过渡过程的实际意义,掌握机电时间常数的物理意义以及加快过渡过程的方法。

2.1.3 重点与难点

1. 重点

(1) 运用运动方程式分别判断机电传动系统的运行状态。

(2)运用稳定运行的条件来判断机电传动系统的稳定运行点。
(3)最优过渡过程的意义,实现加快机电传动控制系统过渡过程的方法。

2. 难点

(1)根据机电传动系统中 T_M、T_L、n 的方向确定 T_M、T_L 是拖动转矩还是制动转矩,从而判断系统的运行是处于加速、减速还是匀速状态。
(2)在机械特性曲线上判断系统稳定工作点时,如何找出 T_M、T_L。
(3)用数学分析法分析机电传动系统的过渡过程。

2.2 例题解析

例 2.1 在图(例 2.1)的各图中,T_M、T_L、n 均为实际方向,要求:

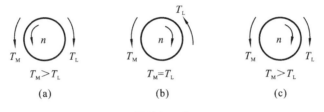

图(例 2.1)

(1)根据各图所示 T_M、T_L、n 的方向,列出各机电传动系统的运动方程式;
(2)说明各图中 T_M、T_L 是拖动转矩还是制动转矩;
(3)根据各图所示 T_M、T_L、n 的方向,说明各系统的运行状态是加速、减速还是匀速。

解 (1)因按正方向的约定:T_M 与 n 同向,T_M 为正;T_M 与 n 反向,T_M 为负。T_L 与 n 反向,T_L 为正;T_L 与 n 同向,T_L 为负。因此,机电传动系统的运动方程式如下:

图(a)　　　　　　　　$|T_M| - |T_L| = \dfrac{GD^2}{375} \dfrac{dn}{dt}$

图(b)　　　　　　　　$-|T_M| - |T_L| = \dfrac{GD^2}{375} \dfrac{dn}{dt}$

图(c)　　　　　　　　$-|T_M| + |T_L| = \dfrac{GD^2}{375} \dfrac{dn}{dt}$

(2)T 与 n 同向时,T 为拖动转矩;T 与 n 反向时,T 为制动转矩。因此,图(a)中 T_M 为拖动转矩,T_L 为制动转矩;图(b)中 T_M、T_L 均为制动转矩;图(c)中 T_L 为拖动转矩,T_M 为制动转矩。

(3)动态转矩 $T_d = T_M - T_L > 0$ 时为加速,$T_d < 0$ 时为减速,$T_d = 0$ 时为匀速。因此,图(a)为加速运行状态;图(b)为减速运行状态;图(c)为减速运行状态。

例 2.2 图(例 2.2)所示为机电传动系统,减速机构为两级减速箱,已知齿轮齿数之比

$z_2/z_1=3$,$z_4/z_3=5$,减速机构的传动效率 $\eta_c=92\%$,各齿轮的飞轮转矩分别为 $GD_1^2=29.4$ N·m²,$GD_2^2=78.4$ N·m²,$GD_3^2=49$ N·m²,$GD_4^2=196$ N·m²,电动机的飞轮转矩 $GD_M^2=294$ N·m²,负载的飞轮转矩 $GD_L^2=450.8$ N·m²,负载转矩 $T_L'=470.4$ N·m²,试求:

(1)折算到电动机轴上的负载转矩 T_L;

(2)折算到电动机轴上系统的飞轮转矩 GD_Z^2。

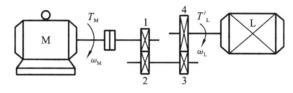

图(例2.2)

解 (1) $T_L = \dfrac{T_L' \omega_L}{\eta_c \omega_M} = T_L' \dfrac{z_1}{z_2} \dfrac{z_3}{z_4} \dfrac{1}{\eta_c} = 470.4 \times \dfrac{1}{3} \times \dfrac{1}{5} \times \dfrac{1}{0.92}$ N·m $= 34.1$ N·m

(2) $GD_Z^2 = (GD_M^2 + GD_1^2) + (GD_2^2 + GD_3^2)\dfrac{1}{j_1^2} + (GD_4^2 + GD_L^2)\dfrac{1}{j_L^2}$

$= \left[(294+29.4) + (78.4+49) \times \dfrac{1}{3^2} + (196+450.8) \times \dfrac{1}{(3\times5)^2}\right]$ N·m²

$= 340$ N·m²

如近似计算,有

$$GD_Z^2 = \delta GD_M^2 + \dfrac{GD_L^2}{j_L^2} = \left[1.15 \times 294 + \dfrac{450.8}{(3\times5)^2}\right] \text{ N·m}^2 = 340.1 \text{ N·m}^2$$

例2.3 一机电传动系统如图(例2.3)所示,已知各轴的飞轮转矩和转速分别为:$GD_1^2=87.4$ N·m²,$n_1=2500$ r/min;$GD_2^2=245$ N·m²,$n_2=1000$ r/min;$GD_3^2=735$ N·m²,$n_3=500$ r/min。负载转矩 $T_L'=98$ N·m²,电动机拖动转矩 $T_M=29.4$ N·m²,电动机拖动生产机械运动时的传动效率 $\eta_c=90\%$。

(1)生产机械轴的加速度是多少?

(2)为使生产机械具有 3 (r/min)/s 的加速度,要加装飞轮转矩 $GD^2=612.5$ N·m² 的飞轮,问:此飞轮应装在哪根轴上?

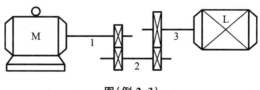

图(例2.3)

解 (1)把电动机的转矩 T_M 和所有的飞轮转矩都折算到生产机械轴上。

电动机转矩折算到生产机械轴上的等效转矩为

$$T'_M = T_M j \eta_c = T_M \frac{n_1}{n_3} \eta_c = 29.4 \times \frac{2500}{500} \times 90\% \text{ N·m} = 132.3 \text{ N·m}$$

折算到生产机械轴上的总飞轮转矩为

$$GD^2_{Z1} = GD^2_1 \left(\frac{n_1}{n_3}\right)^2 + GD^2_2 \left(\frac{n_2}{n_3}\right)^2 + GD^2_3$$

$$= \left[78.4 \times \left(\frac{2500}{500}\right)^2 + 245 \times \left(\frac{1000}{500}\right)^2 + 735\right] \text{ N·m}^2$$

$$= (78.4 \times 25 + 245 \times 4 + 735) \text{ N·m}^2 = (1960 + 980 + 735) \text{ N·m}^2$$

$$= 3675 \text{ N·m}^2$$

故生产机械轴的加速度为

$$\frac{dn_L}{dt} = \frac{T'_M - T'_L}{\frac{GD^2_{Z1}}{375}} = \frac{132.3 - 98}{\frac{3675}{375}} \text{ (r/min)/s} = \frac{34.3}{9.8} \text{ (r/min)/s} = 3.5 \text{ (r/min)/s}$$

(2)应将飞轮装在生产机械轴上,此时

$$GD^2_{Z2} = GD^2_1 \left(\frac{n_1}{n_3}\right)^2 + GD^2_2 \left(\frac{n_2}{n_3}\right)^2 + GD^2_3 + GD^2$$

$$= (1960 + 980 + 735 + 612.5) \text{ N·m}^2 = 4287.5 \text{ N·m}^2$$

故

$$\frac{dn_L}{dt} = \frac{T'_M - T'_L}{\frac{GD^2_{Z2}}{375}} = \frac{132.3 - 98}{\frac{4287.5}{375}} \text{ (r/min)/s} = \frac{34.3}{11.43} \text{ (r/min)/s} = 3 \text{ (r/min)/s}$$

可满足加速度的要求。

例 2.4 有一机电传动系统如图(例 2.4)所示,已知:重物重量 $G = 10000$ N,上升速度 $v = 0.6$ m/s,卷筒直径 $D = 0.9$ m,每对齿轮转速比 $j_1 = j_2 = 6$,每对齿轮效率 $\eta_1 = \eta_2 = 94\%$,卷筒效率 $\eta_3 = 95\%$,滑轮效率 $\eta_4 = 96\%$,试求:

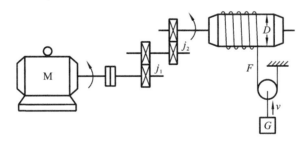

图(例 2.4)

(1)电动机轴上的转速;   (2)负载重物折算到电动机轴上的转矩。

解 (1)因卷筒转速为

$$n_L = 60\frac{2v}{\pi D} = \frac{60 \times 2 \times 0.6}{3.14 \times 0.9} \text{ r/min} = 25.5 \text{ r/min}$$

故电动机轴上的转速为

$$n_M = n_L j_1 j_2 = 25.5 \times 6 \times 6 \text{ r/min} = 918 \text{ r/min}$$

(2) 因卷筒上的转矩为

$$T'_L = \frac{Fr}{\eta_3 \eta_4} = \frac{\frac{G}{2} \cdot \frac{D}{2}}{\eta_3 \eta_4} = \frac{\frac{10000}{2} \times \frac{0.9}{2}}{95\% \times 96\%} \text{ N·m} = 2467.1 \text{ N·m}$$

故负载重物折算到电动机轴上的转矩为

$$T_{LM} = \frac{T'_L}{j_1 j_2 \eta_1 \eta_2} = \frac{2467.1}{6 \times 6 \times 95\% \times 96\%} \text{ N·m} = 75.14 \text{ N·m}$$

例 2.5 在图(例 2.5)中,曲线 1 和曲线 2 分别为电动机的机械特性和负载的机械特性,试判断哪些是系统的稳定平衡点,哪些不是。

解 1 用教材中介绍的判断方法(此处略)。

解 2 这里用另一种判断系统稳定平衡点的方法。

在第 3 章中将要介绍,为了衡量机械特性的平直程度,引进一个机械特性的硬度,定义为 $\beta = \dfrac{dT}{dn}$,即机械特性在平衡点的切线。可以证明系统稳定运行的充分条件是

$$\frac{dT_M}{dn} - \frac{dT_L}{dn} < 0 \qquad (例 2.5)$$

注意:式(例 2.5)中,$\dfrac{dT_M}{dn}$ 与 $\dfrac{dT_L}{dn}$ 都是可正可负的。

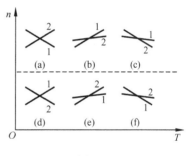

图(例 2.5)

用式(例 2.5)对图(例 2.5)分析如下:

(a) 电动机的机械特性硬度 $\beta_M = \dfrac{dT_M}{dn}$ 为负,生产机械的机械特性硬度 $\beta_L = \dfrac{dT_L}{dn}$ 为正,满足式(例 2.5)的条件,所以(a)所示的是稳定平衡点;

(b) β_M 与 β_L 虽都为正,但 β_L 比 β_M 大,所以满足式(例 2.5)的条件,是稳定平衡点;

(c) β_M 与 β_L 虽都为负,但 β_M 的绝对值比 β_L 大,所以也满足式(例 2.5)的条件,是稳定平衡点;

(d)、(e)、(f)的情况刚好与(a)、(b)、(c)的情况对应相反,都不满足式(例 2.5)的条件,故都不是稳定平衡点。

例 2.6 一台 Z2-61 型直流他励电动机,已知:额定功率 $P_N = 10$ kW,额定电压 $U_N = 220$ V,额定电流 $I_N = 53.5$ A,额定转速 $n_N = 1500$ r/min,电枢电阻 $R_a = 0.26$ Ω,电动机的飞轮转矩 $GD_M^2 = 5$ N·m²,折算到电动机轴上的静态负载转矩 $T_L = 0.5T_N$,折算到电动机轴上的系统飞轮转矩 $GD_L^2 = 5$ N·m²。试求在启动电流 $I_{st} = 2I_N$ 的条件下,从启动到稳定时的 $n =$

$f(t)$、$T_M = f(t)$ 过渡过程曲线,并分析静态机械特性与动态特性的关系。

解 (1) 求静态机械特性曲线。

①电动机的电动势常数为

$$K_e \Phi_N = \frac{U_N - I_N R_a}{n_N} = \frac{220 - 53.5 \times 0.26}{1500} \text{ V/(r/min)} = 0.1374 \text{ V/(r/min)}$$

②电动机的转矩常数为

$$K_t \Phi_N = 9.55 K_e \Phi_N = 9.55 \times 0.1374 \text{ N·m/A} = 1.312 \text{ N·m/A}$$

③电动机启动电流为

$$I_{st} = 2I_N = 2 \times 53.5 \text{ A} = 107 \text{ A}$$

④电动机的启动转矩为

$$T_{st} = K_t \Phi_N I_{st} = 1.312 \times 107 \text{ N·m} = 140 \text{ N·m}$$

⑤理想空载转速为

$$n_0 = \frac{U_N}{K_e \Phi_N} = \frac{220}{0.1374} \text{ r/min} \approx 1600 \text{ r/min}$$

⑥根据机械特性上的两点($n_0 = 1600$ r/min, $T_M = 0$) 和 ($n = 0$, $T_{st} = 140$ N·m),即可绘出电动机的静态机械特性 $n = f(T)$,如图(例 2.6)(a) 所示。

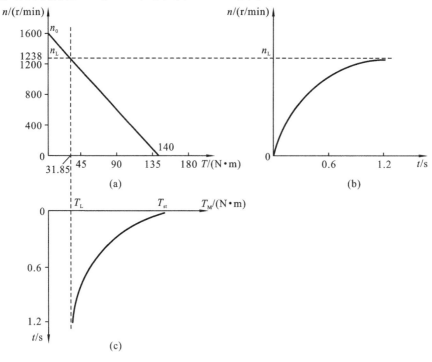

图(例 2.6)

(2) 求动态特性。
① 电动机的额定转矩为
$$T_\text{N} = 9.55\frac{P_\text{N}}{n_\text{N}} = 9.55 \times \frac{10 \times 10^3}{1500}\ \text{N·m} = 63.7\ \text{N·m}$$

② 静态负载转矩为
$$T_\text{L} = 0.5T_\text{N} = 0.5 \times 63.7\ \text{N·m} = 31.85\ \text{N·m}$$

③ 启动时电枢电路中的总电阻为
$$R_\Sigma = R_\text{a} + R_\text{st} = \frac{U_\text{N}}{I_\text{st}} = \frac{220}{107}\ \Omega = 2.06\ \Omega$$

④ 机电时间常数为
$$\tau_\text{m} = \frac{GD_\text{Z}^2}{375} \cdot \frac{R_\Sigma}{K_\text{e}K_\text{t}\Phi_\text{N}^2} = \frac{5+5}{375} \times \frac{2.06}{0.1374 \times 1.312}\ \text{s} = 0.3\ \text{s}$$

⑤ 启动终了时的稳态转速为
$$n_\text{L} = n_0 - \frac{R_\Sigma}{K_\text{e}K_\text{t}\Phi_\text{N}^2}T_\text{L} = \left(1600 - \frac{2.06}{0.1374 \times 1.312} \times 31.85\right)\ \text{r/min}$$

⑥ 过渡过程中转速 n 的表达式为
$$n = n_\text{L}(1 - \text{e}^{-\frac{t}{\tau_\text{m}}}) = 1238 \times (1 - \text{e}^{-\frac{t}{0.3}})\ \text{r/min}$$

过渡过程曲线 $n = f(t)$ 如图(例 2.6)(b)所示。当 $t = 4\tau_\text{m} = 4 \times 0.3\ \text{s} = 1.2\ \text{s}$ 时,$n = 1215\ \text{r/min}$。

⑦ 过渡过程中转矩 T_M 的表达式为
$$T_\text{M} = T_\text{L}(1 - \text{e}^{-\frac{t}{\tau_\text{m}}}) + T_\text{st}\text{e}^{-\frac{t}{\tau_\text{m}}} = [31.85 \times (1 - \text{e}^{-\frac{t}{0.3}}) + 140\text{e}^{-\frac{t}{0.3}}]\ \text{N·m}$$

过渡过程曲线 $T_\text{M} = f(t)$ 如图(例 2.6)(c)所示。当 $t = 4\tau_\text{m} = 4 \times 0.3\ \text{s} = 1.2\ \text{s}$ 时,$T_\text{M} = 33.83\ \text{N·m}$。

(3) 分析。从上面的计算结果和所表现的机械特性可以看出:$n = f(t)$ 过渡过程曲线起始点 $n = 0$ 和稳定工作点 $n = n_\text{L}$,恰好对应着静态机械特性曲线上转速坐标的两个稳态工作点;而 $T_\text{M} = f(t)$ 过渡过程曲线上的起始点 $T = T_\text{st}$ 和稳定工作点 $T = T_\text{L}$,也恰好对应着静态机械特性曲线上转矩坐标的两个稳态工作点。因此,过渡过程曲线的起始点和稳定工作点参数恰好是静态机械特性上的两个稳态点的坐标。也就是说,静态特性和动态特性是互相对应的,从 $n = f(t)$ 和 $T_\text{M} = f(t)$ 曲线消去同时作用的时间变量 t,就得出 $n = f(T)$ 机械特性。可见,静态特性表征同一时间内电流(或转矩)和转速间的相互关系;而动态特性表征这些参量随时间变化的过程,其变化的快慢取决于系统的机电时间常数 τ_m 的大小。

例 2.7 一台直流他励电动机的铭牌数据如下:$U_\text{N} = 220\ \text{V}$,$P_\text{N} = 10\ \text{kW}$,$I_\text{N} = 52.2\ \text{A}$,$n_\text{N} = 2250\ \text{r/min}$,$R_\text{a} = 0.274\ \Omega$,$GD_\text{M}^2 = 4.9\ \text{N·m}^2$,折算到电动机轴上的系统飞轮惯量 $GD_\text{L}^2 = 4.9\ \text{N·m}^2$,折算到电动机轴上的静负载转矩 $T_\text{L} = 0.5T_\text{N}$。用两段启动电阻进行启动,其中

$R_{st1}=1.35\ \Omega, R_{st2}=0.49\ \Omega$。启动时的机械特性曲线如图(例 2.7)所示,图中数据分别为:$I_1=2I_N=2\times 52.2$ A$=104.4$ A,$I_2=0.727I_N=0.727\times 52.2$ A$=38$ A;$n_{i1}=0, n_{x1}=n_{i2}=1538$ r/min,$n_{s1}=1812$ r/min,$n_{x2}=n_{i3}=2093$ r/min,$n_{s2}=2192$ r/min,$n_s=2330$ r/min。试求各段启动过程的 $n=f(t)$ 和 $I_a=f(t)$,并计算各段启动时间和总的启动时间。

解 (1)先求出一些基本量。

①电动机的电势常数为

$$K_e\Phi_N=\frac{U_N-I_N R_a}{n_N}=\frac{220-52.2\times 0.274}{2250}\ \text{V/(r/min)}=0.0914\ \text{V/(r/min)}$$

②电动机的转矩常数为

$$K_t\Phi_N=9.55 K_e\Phi_N=9.55\times 0.0914\ \text{N}\cdot\text{m/A}=0.873\ \text{N}\cdot\text{m/A}$$

③因为 $I_L\propto T_L$ 而 $T_L=0.5T_N$,所以负载电流为

$$I_L=0.5 I_N=0.5\times 52.2\ \text{A}=26.1\ \text{A}$$

④理想空载转速为

$$n_0=\frac{U_N}{K_e\Phi_N}=\frac{220}{0.0914}\ \text{r/min}=2407\ \text{r/min}$$

(2)求第一段启动时的 $n_1=f(t)$、$I_{a1}=f(t)$ 和启动时间 t_{st1}。

①机电时间常数为

$$\tau_{m1}=\frac{GD_Z^2}{375}\cdot\frac{R_{\Sigma 1}}{K_e K_t\Phi_N^2}=\frac{GD_M^2+GD_L^2}{375}\cdot\frac{R_{st1}+R_{st2}+R_a}{K_e K_t\Phi_N^2}$$

$$=\frac{4.9+4.9}{375}\times\frac{1.35+0.49+0.274}{0.0914\times 0.873}\ \text{s}=0.69\ \text{s}$$

②第一段启动过程中转速 n_1 的表达式为

$$n_1=n_{s1}+(n_{i1}-n_{s1})e^{-\frac{t}{\tau_{m1}}}=[1812+(0-1812)e^{-\frac{t}{0.69}}]\ \text{r/min}$$

$$=1812\times(1-e^{-\frac{t}{0.69}})\ \text{r/min}$$

③第一段启动过程中电流 I_{a1} 的表达式为

$$I_{a1}=I_L+(I_1-I_L)e^{-\frac{t}{\tau_{m1}}}=[26.1+(104.4-26.1)e^{-\frac{t}{0.69}}]\ \text{A}$$

$$=(26.1+78.3 e^{-\frac{t}{0.69}})\ \text{A}$$

④转速 n_1 由 $n_{i1}=0$ 启动到 $n_{x1}=1538$ r/min 时的启动时间为

$$t_{st1}=\tau_{m1}\ln\frac{n_{s1}}{n_{s1}-n_{x1}}=0.69\times\ln\frac{1812}{1812-1538}\ \text{s}=1.30\ \text{s}$$

(3)求第二段启动时的 $n_2=f(t)$、$I_{a2}=f(t)$ 和启动时间 t_{st2}。

①机电时间常数为

$$\tau_{m2}=\frac{GD_Z^2}{375}\cdot\frac{R_{\Sigma 2}}{K_e K_t\Phi_N^2}=\frac{GD_M^2+GD_L^2}{375}\cdot\frac{R_{st2}+R_a}{K_e K_t\Phi_N^2}$$

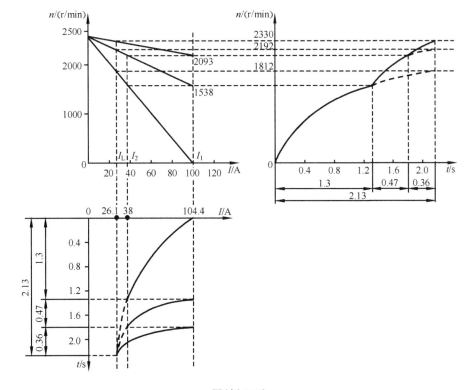

图(例 2.7)

$$= \frac{4.9+4.9}{375} \times \frac{0.49+0.274}{0.0914 \times 0.873} \text{ s} = 0.25 \text{ s}$$

② 第二段启动过程中转速 n_2 的表达式为

$$n_2 = n_{s2} + (n_{i2} - n_{s2})e^{-\frac{t}{\tau_{m2}}} = [2192 + (1538-2192)e^{-\frac{t}{0.25}}] \text{ r/min}$$

$$= (2192 - 654e^{-\frac{t}{0.25}}) \text{ r/min}$$

③ 第二段启动过程中电流 I_{a2} 的表达式为

$$I_{a2} = I_L + (I_1 - I_L)e^{-\frac{t}{\tau_{m2}}} = (26.1 + 78.3e^{-\frac{t}{0.25}}) \text{ A}$$

④ 转速 n_2 由 $n_{i2}=1538$ r/min 启动到 $n_{x2}=2093$ r/min 时的启动时间为

$$t_{st2} = \tau_{m2} \ln \frac{n_{s2} - n_{i2}}{n_{s2} - n_{x2}} = 0.25 \ln \frac{2192-1538}{2192-2093} \text{ s} = 0.47 \text{ s}$$

(4) 求第三段启动时的 $n_3 = f(t)$、$I_{a3} = f(t)$ 和启动时间 t_{st3}。

① 机电时间常数为

$$\tau_{m3} = \frac{GD_Z^2}{375} \cdot \frac{R_a}{K_e K_t \Phi_N^2} = \frac{4.9+4.9}{375} \times \frac{0.274}{0.0914 \times 0.873} \text{ s} = 0.09 \text{ s}$$

②第三段启动过程中转速 n_3 的表达式为

$$n_3 = n_{s3} + (n_{i3} - n_{s3})\mathrm{e}^{-\frac{t}{\tau_{m3}}} = n_s + (n_{i3} - n_s)\mathrm{e}^{-\frac{t}{\tau_{m3}}}$$
$$= [2330 + (2093 - 2330)\mathrm{e}^{-\frac{t}{0.09}}] \text{ r/min} = (2330 - 237\mathrm{e}^{-\frac{t}{0.09}}) \text{ r/min}$$

③第三段启动过程中电流 I_{a3} 的表达式为

$$I_{a3} = I_L + (I_1 - I_L)\mathrm{e}^{-\frac{t}{\tau_{m3}}} = (26.1 + 78.3\mathrm{e}^{-\frac{t}{0.09}}) \text{ A}$$

④转速 n_3 由 $n_{i3}=2093$ r/min 启动到 $n=0.98n_s$ 时的启动时间为

$$t_{st3} = 4\tau_{m3} = 4 \times 0.09 \text{ s} = 0.36 \text{ s}$$

(5) 启动过程总的启动时间

$$t_{st} = t_{st1} + t_{st2} + t_{st3} = (1.30 + 0.47 + 0.36) \text{ s} = 2.13 \text{ s}$$

整个启动过程的动态特性曲线如图(例 2.7)所示。

2.3 学习自评

2.3.1 自测练习

2.1 试列出图(题 2.1)所示几种情况下系统的运动方程式,并说明系统的运行状态是加速、减速还是匀速(图中箭头方向表示转矩的实际作用方向)。(提示:根据转矩正方向的约定,公式 $T_M - T_L = \dfrac{GD^2}{375}\dfrac{\mathrm{d}n}{\mathrm{d}t}$ 中 T_M、T_L 的符号可正可负。)

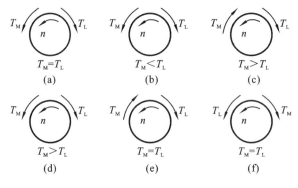

图(题 2.1)

2.2 为什么在一个机电传动系统中低速轴的转矩大,高速轴的转矩小?(提示:依据系统传递功率不变的原则进行分析。)

2.3 如图(题 2.3)所示,电动机轴上的转动惯量 $J_M=2.5$ kg·m²,转速 $n_M=900$ r/mim;中间传动轴的转动惯量 $J_1=2$ kg·m²,转速 $n_1=300$ r/min;生产机械轴的转动惯量 $J_L=16$

$kg \cdot m^2$,转速 $n_L = 60$ r/mim。试求折算到电动机轴上的等效转动惯量。

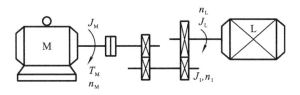

图(题 2.3)

2.4 图(题 2.4)所示为提升机构传动系统,电动机转速 $n_M = 950$ r/mim,齿轮减速箱的传动比 $j_1 = j_2 = 4$,卷筒直径 $D = 0.24$ m,滑轮的减速比 $j_3 = 2$,起重负载力 $F = 100$ N,电动机的飞轮转矩 $GD_M^2 = 1.05$ N·m^2,齿轮、滑轮和卷筒总的传动效率为 83%。试求提升速度 v 和折算到电动机轴上的静态转矩 T_L 以及折算到电动机轴上整个拖动系统的等效飞轮转矩 GD_Z^2。

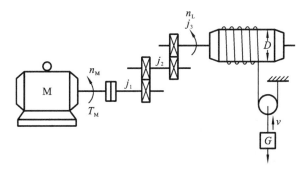

图(题 2.4)

2.5 在图(题 2.5)中,曲线 1 和曲线 2 分别为电动机的机械特性和负载的机械特性,试判断哪些是系统的稳定平衡点,哪些不是。

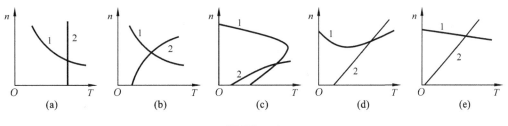

图(题 2.5)

2.6 若不考虑电枢电感,试将电动机突加电枢电压启动的过渡过程曲线 $I_a = f(t)$、$n = f(t)$ 和 RC 串联电路突加输入电压充电过程中的过渡过程曲线 $i_c = f(t)$、$u_c = f(t)$ 加以比较,并从物理意义上说明它们的异同点。

2.7　直流他励电动机铭牌数据如下：$P_N = 21$ kW，$U_N = 220$ V，$I_N = 115$ A，$n_N = 980$ r/min，$R_a = 0.1$ Ω，系统折算到电动机轴上的总飞轮转矩 $GD^2 = 64.7$ N·m²。

(1) 求系统的机电时间常数 τ_m；

(2) 若电枢电路串接 1 Ω 的附加电阻，τ_m 会变为多少？

(3) 若在上述基础上再将电动机励磁电流减小一半，τ_m 又会变为多少（设磁路没有饱和）？

2.8　加快机电传动系统的过渡过程一般采用哪些办法？

2.9　具有矩形波电流图的过渡过程为什么称为最优过渡过程？它为什么能加快机电传动系统的过渡过程？

2.10　一台直流他励电动机铭牌数据如下：$P_N = 5.6$ kW，$U_N = 220$ V，$I_N = 31$ A，$n_N = 1000$ r/min，$R_a = 0.4$ Ω，系统折算到电动机轴上的总飞轮转矩（含电动机的飞轮转矩）$GD_Z^2 = 9.81$ N·m²。在电动机电枢串接附加启动电阻 R_{ad} 后，突加额定电压 U_N 启动，使启动电流 $I_{st} = 2I_N$。

(1) 试求在额定负载转矩时，电动机启动到 $n = n_N/2$ 和 $n = n_N$ 时所需要的时间。（提示：必须启动到稳定转速 n_s 后切除 R_{ad} 才能加速到 n_N，若忽略从 n_s 到 n_N 的加速时间，可以近似地按 $t_{st} = 5\tau_m$ 来计算电动机从转速为零启动到 n_N 所需要的时间。）

(2) 若采取某些措施来保持整个启动过程中电枢电流不变且等于 $2I_N$，上述的启动时间将缩短为多少？

2.3.2　自测练习参考答案

2.1　下列运动方程式中的 T_M、T_L 都为正数：

图(a)　$T_M - T_L = \dfrac{GD^2}{375} \dfrac{dn}{dt} = 0$，系统处于匀速运行状态。

图(b)　$T_M - T_L < 0$，系统处于减速运行状态。

图(c)　$-T_M - T_L < 0$，系统处于减速运行状态。

图(d)　$T_M - T_L > 0$，系统处于加速运行状态。

图(e)　$-T_M - T_L < 0$，系统处于减速运行状态。

图(f)　$-T_M + T_L = 0$，系统处于匀速运行状态。

2.2　依据系统传递功率不变的原则，$P = T_大 \omega_低 = T_小 \omega_高$，故低速轴转矩大，高速轴转矩小。

2.3　$J_Z = 2.79$ kg·m²。

2.4　提升速度为 $v = 0.373$ m/s；折算到电动机轴上的静态转矩为 $T_L = 0.45$ N·m；折算到电动机轴上的等效飞轮转矩为 $GD_Z^2 = 1.27$ N·m²。

2.5　图(a)，当转速大于平衡点的转速($n' > n$)时，$T_M' < T_L$，故该特性对应的系统可以稳定运行。

第 2 章　机电传动系统的动力学基础

同理,图(b)、(c)、(e)所示特性对应的系统都可以稳定运行。

而图(d)中,当 $n'>n$ 时,$T'_M > T_L$,所以图(d)所示特性对应的系统不能稳定运行。

2.6　(略)

2.7　(1) $\tau_m = 0.04$ s；　(2) $\tau_m = 0.438$ s；　(3) $\tau_m = 1.752$ s。

2.8、2.9　(略)

2.10　(1)从转速为零启动到 $n_N/2$ 时所需时间为 0.42 s；从转速为零启动到 n_N 时所需时间为 1.13 s；

(2)从转速为零启动到 $n_N/2$ 时所需时间为 0.244 s；从转速为零启动到 n_N 时所需时间为 0.488 s。

2.4　关于教学方面的建议

重点讲授机电传动系统的运动方程式以及用它来分析机电传动系统的运行状态、机电传动系统稳定运行的条件以及用它来判断机电传动系统的稳定运行点。机电传动系统具备稳定运行点是系统稳定工作的基本条件,而机电传动系统的运动方程式是分析系统稳态工作与动态工作的基本依据。

至于转矩、转动惯量和飞轮转矩的折算和生产机械的机械特性只需扼要地进行介绍,指出为什么要掌握这些知识即可,具体内容由学生自学,并通过练习去掌握。

机电传动系统过渡过程产生的原因、过渡过程的实际意义以及过渡过程的分析,主要由学生自学,教师只需作启发性介绍。讲授的重点放在加快过渡过程的方法上,特别是最优过渡过程的分析,以便为后面控制系统的动态分析打下基础。

第3章 直流电机的工作原理及特性

3.1 知识要点

3.1.1 基本内容

1. 直流电机的基本结构

直流电机是以导体在磁场中运动产生感应电动势和载流导体在磁场中受力为基础来实现机电能量转换的。为实现机电能量转换,直流电机的结构应包括定子与转子两大部分(都有铁芯和线圈(绕组))。定子用来建立磁场,并作为机械支撑;转子(亦称电枢)用来产生感应电动势、电流,实现机电能量转换。

直流电机之所以能够工作,是因为其结构上有一个很重要的部件,即换向器。要很好地理解换向器的作用,从教材中的图3.5和图3.6分析可知:直流电机作发电机运行时,换向器的作用在于将电枢绕组内的交变电动势转换成电刷之间极性不变的直流电动势;直流电机作电动机运行时,换向器的作用是当线圈的有效边从N极(或S极)下转到S极(或N极)下时改变其中电流的方向,使N极下的有效边中的电流总是一个方向,而S极下的有效边中的电流总是另一个方向,这样才能使两个有效边上受到的电磁力的方向不变,而且产生同一方向的转矩。

2. 直流电机的基本工作原理

直流电机中能量转换的方向是可逆的,直流电机的工作原理如图3.1.1所示。同一台电机既可作发电机运行(见图(a)),将机械能转换为电能,也可作电动机运行(见图(b)),将电能转换为机械能。它们的电磁关系和能量的转换关系,可用下列三个基本方程式来描述:

(1)转矩方程式为

$$T = K_t \Phi I_a \quad (方向由左手定则确定)$$

注意:电机等速运行时,转矩是平衡的。

在发电机中,电磁转矩T为阻转矩,方向与n相反,原动机的转矩$T_1 = T + T_0$,T_0为空

第3章 直流电机的工作原理及特性

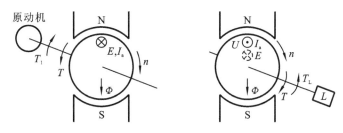

图 3.1.1

载损耗转矩;在电动机中,电磁转矩 T 为拖动转矩,方向与 n 相同,$T=T_L+T_0$,T_L 为负载转矩。

(2)电动势方程式为

$$E = K_e \Phi n \quad (\text{方向由右手定则确定})$$

在发电机中,电动势 E 为输出电功率的电源电动势,在电动势作用下产生电枢电流 I_a,E 与 I_a 方向相同;在电动机中,电动势 E 为反电动势,它与外加电压产生的电流 I_a 方向相反。

(3)在发电机中(见教材中的图 3.8),电压平衡方程式为

$$E = U + I_a R_a$$

即发电机的电动势为负载电压(发电机端电压)和电枢电阻压降所平衡。

在电动机中(见教材中的图 3.15),电压平衡方程式为

$$U = E + I_a R_a$$

即电动机的外加电枢电压为电枢的反电动势和电阻压降所平衡。

注意:电动机在运行时,它的转速、电动势、电枢电流、电磁转矩能自动调整,以适应负载的变化,保持新的转矩平衡。

3. 直流电机的分类

直流电机按励磁方法的不同分为他励、并励、串励和复励四类(见教材中的图 3.7)。

在发电机中,用得较多的是他励发电机(其电路原理图为教材中的图 3.8)和并励发电机(其电路原理图为教材中的图 3.11),为使并励发电机能自励,要求有剩磁,且由剩磁感生的电流所产生的磁场方向应与剩磁磁场的方向相同,并要求励磁电路的电阻不能太大。发电机重要的运行特性是空载特性和外特性(如他励发电机的特性,见教材中的图 3.9 和图 3.10)。

在电动机中,用得较多的是他励和并励电动机(见教材中的图 3.15)。

4. 他励直流电动机的机械特性

电动机最重要的运行特性是机械特性。他励直流电动机的机械特性表达式为

$$n = \frac{U}{K_e \Phi} - \frac{R_a + R_{ad}}{K_e K_t \Phi^2} T = n_0 - \Delta n \qquad (3.1.1)$$

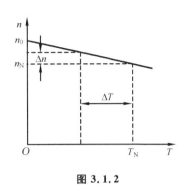

图 3.1.2

他励直流电动机的机械特性曲线如图 3.1.2 所示,机械特性的硬度 $\beta = \dfrac{\mathrm{d}T}{\mathrm{d}n} = \dfrac{\Delta T}{\Delta n} \times 100\%$ 表示特性的平直程度。

电枢电路的附加电阻 $R_{ad}=0$、电枢电压 $U=U_N$、磁通 $\Phi=\Phi_N$ 时的机械特性称为固有机械特性。

人为地改变 U、Φ 或增大 R_{ad} 时所得到的机械特性称为人为机械特性(见教材中的图 3.19、图 3.20、图 3.18)。电动机的启动、调速、制动就利用了人为机械特性。改变外加电压和励磁电流的方向都可改变电动机的转向(见教材中的图 3.17)。

在通过计算绘制机械特性时要注意两点:
(1) $K_e\Phi_N = (U_N - I_N R_a)/n_N$ 对一台直流电动机而言是唯一的;
(2) 额定转矩 $T_N = 9.55 P_N/n_N$ 是电动机轴上的输出转矩,电磁转矩 $T = K_t\Phi I_N \neq T_N$。

5. 直流电动机的启动

直流电动机启动的瞬间,由于 $n=0$,$E=0$,因而启动电流 $I_{st} = U_N/R_a$ 很大,这对电网运行有害,且使电动机换向器火花大,所以,直流电动机不允许直接启动,启动时必须设法减小启动电流。由启动电流 $I_{st} = U/(R_a + R_{at})$ 可知,常用的启动方法有两种。

(1) 降压启动,这是用得最多的一种启动方法;
(2) 电枢电路串接外加电阻启动,用此法时注意根据实际要求来设计启动电阻(见教材中的图 3.24)。

注意:启动转矩 T_{st} 是电磁转矩,只能用 $T_{st} = K_t\Phi I_{st}$ 来计算,且要注意 $T_{st} \neq \dfrac{I_{st}}{I_N} T_N$。

6. 他励直流电动机的调速

根据生产机械要求人为地改变电动机的转速,称为调速。直流电动机具有良好的调速性能。由式(3.1.1)可知,他励直流电动机的调速方法有三种。

(1) 改变电枢供电电压 U(见教材中的图 3.28)。这种调速方法的主要特点是:
① 可以在额定转速以下平滑无级调速。
② 由于调压时机械特性硬度不变,故调速的稳定度较高,调速范围 $D = n_{max}/n_{min}$ 较大。
③ 可与电动机启动时共用一套调压设备。
④ 为了充分利用电动机,希望在调速过程中维持电枢电流 I_a 不变,即电动机转矩 $T = K_t\Phi_N I_a$ 不变,故调压调速适合于恒转矩调速。这种调速方法用得最多。

(2) 改变电动机主磁通 Φ(见教材中的图 3.29)。这种调速方法的主要特点是:
① 可以通过弱磁在额定转速以上平滑无级调速。
② 调速范围不大,普通他励电动机的转速不得超过额定转速的 1.2 倍。

③ 为了充分利用电动机,希望在调速过程中维持电枢电流 I_a 不变,即功率 $P=UI_a$ 不变,所以这种调速适合于恒功率调速。在这种情况下电动机的转矩 $T=K_t\Phi I_a$ 要随主磁通 Φ 的减小而减小。

由于弱磁调速范围不大,所以很少单独使用,有时为了扩大调速范围,就将它和调压调速配合使用,即在额定转速以下,用降压调速,而在额定转速以上,则用弱磁调速。

(3) 在电枢电路串接电阻 R_{ad}(见教材中的图 3.27)。此法缺点多,现已很少采用。

7. 直流电动机的制动

电动机拖动生产机械,在生产过程中要求电动机能制动或减速等。常用的制动方法有反馈制动、反接制动、能耗制动等三种。

1) 反馈制动

电动机在负载的拖动下使电动机的实际转速 n 大于其理想空载转速 n_0(即 $n>n_0$),$E>U$,电枢电流 I_a 反向,电磁转矩 T 反向变成制动转矩,电动机变成发电机,把机械能转变成电能,向电源馈送,故称反馈制动,也称再生制动或发电制动。反馈制动常发生在电动机带动位能转矩型负载的情况,如电车下坡(其机械特性曲线如教材中的图 3.31 所示)、下放重物(其机械特性曲线如教材中的图 3.33 所示)时,它可以限制重物的下降速度;也可发生在降压调速(其机械特性曲线如教材中的图 3.32 所示)或增磁调速时变速的瞬间一段时间。

2) 反接制动

当他励电动机的电枢电压 U 或电枢电动势 E 中的任一个在外部条件作用下改变了方向,即两者由方向相反变为方向一致时,电动机即运行于反接制动状态。它有电源反接制动和倒拉反接制动两种。

(1) 电源反接制动(见教材中的图 3.34)。把改变电枢电压 U 的方向所产生的反接制动称为电源反接制动。电枢电流反向,电磁转矩 T 反向变成制动转矩,电动机变成发电机,把机械能转换成电能,将电能消耗在电枢回路的电阻中。由于在反接制动期间,电枢电动势 E 和电源电压 U 是串联相加的,$I_a=-(U+E)/R_a$ 很大,因此,为了限制电枢电流 I_a,电动机的电枢电路中必须串接阻值足够大的限流电阻 R_{ad}。

电源反接制动一般应用在生产机械要求迅速减速、停车和反向的场合以及要求经常正反转的机械上。

(2) 倒拉反接制动(见教材中的图 3.35)。把改变电枢电动势 E 的方向所产生的反接制动称为倒拉反接制动。在电枢电路内串接适当的附加电阻 R_{ad},就可以使位能性负载(重物)由提升变为下放,电动机反向旋转($n<0$),电动势 E 由正变负,即 E 与 U 同向,电枢电流 $I_a=(U+E)/(R_a+R_{ad})$ 增大但不改变方向,所以电动机产生的电磁转矩 T 没有反向,T 是阻碍重物下放的,故电动机起制动作用以限制重物的下放速度。电动机变成发电机,把机械能转换成电能消耗在电枢回路的电阻中。

倒拉反接制动用于重物下放时的限速,改变 R_{ad} 的大小可以调节重物的下降速度。

3)能耗制动

把电动机电枢电路从电源脱开而串接一个附加电阻 R_{ad},电枢电流 $I_a=-E/(R_a+R_{ad})$ 在电动势 E 的作用下反向,电磁转矩 T 反向变成制动转矩,电动机变成发电机,把机械能转换成电能消耗在电枢回路的电阻中(见教材中的图 3.36)。

如果电动机带动的是反抗性负载,就把传动系统储存的惯性动能消耗掉,使电动机迅速停止转动。

如果电动机带动的是位能性负载,则在制动到 $n=0$ 时,重物还将拖着电动机反转,使电动机向下降的方向加速,即电动机倒拉使重物匀速下降。

能耗制动通常应用于拖动系统需要迅速而准确地停车及卷扬机重物的恒速下放。

改变制动电阻 R_{ad} 的大小,可以调节停车的快慢(对反抗转矩负载)或重物下降的速度(对位能转矩负载)。注意,为避免电枢电流过大,R_{ad} 的最小值应该使制动电流不超过电动机允许的最大电流。

电动机运行在制动状态下的主要特征是:

① 电磁转矩与旋转方向相反,机械特性曲线在 OnT 平面的第二、第四象限。

② 电动机的作用是将运动部分储存的动能或位能转换成电能,电动机变成发电机,电枢电流与电枢电动势同向,把电能反馈至电网或消耗在电枢回路中。

直流他励电动机从电动状态到各种制动状态的关系综合列于表 3.1.1。表中只给出了相应于电动机正转时的情况,图中所标示的各物理量的方向是各种运行状态时的实际方向。

各种制动方法具有各自的特点,注意根据生产实际要求来选取合适的制动方法。

表 3.1.1

运转状态	电动状态	反馈制动	反接制动		能耗制动
			倒拉反接	电源反接	
接线图	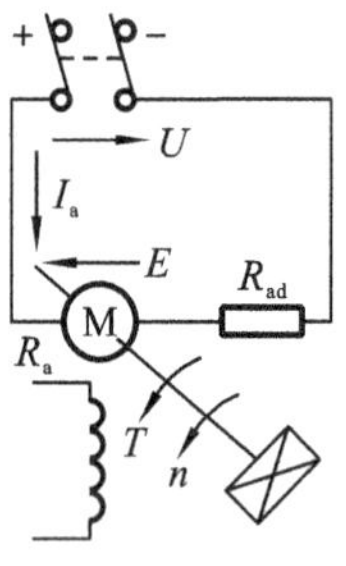	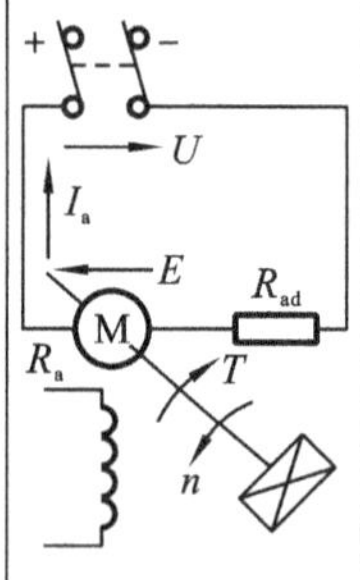	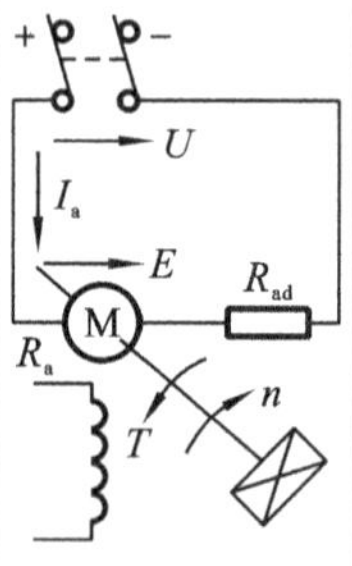	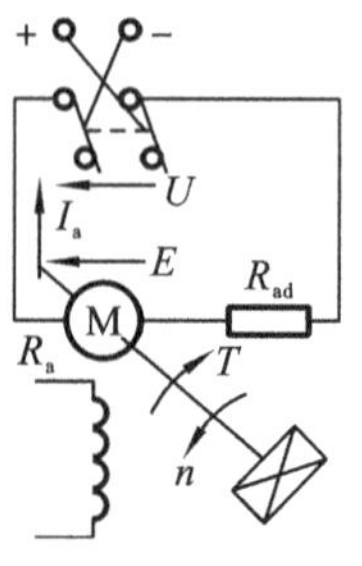	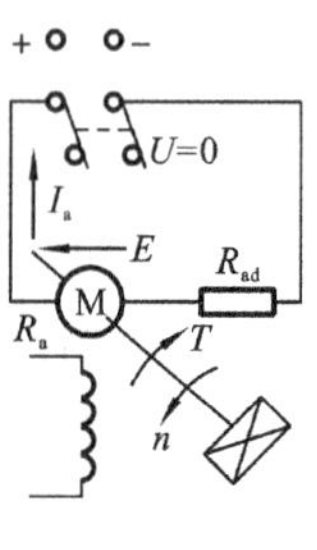
电压平衡方程式(按实际方向)	$U=E+I_a(R_a+R_{ad})$	$E=U+I_a(R_a+R_{ad})$	$U+E=I_a(R_a+R_{ad})$		$E=I_a(R_a+R_{ad})$

续表

运转状态		电动状态	反馈制动	反接制动		能耗制动
				倒拉反接	电源反接	
机械特性	曲线	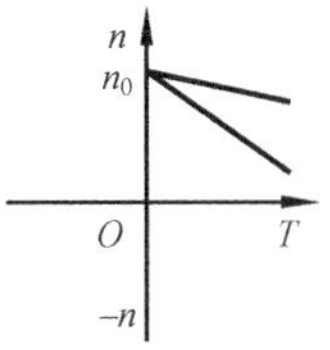 (图)	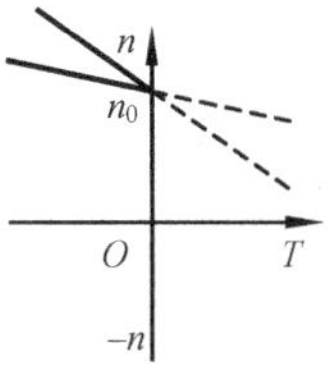 (图)	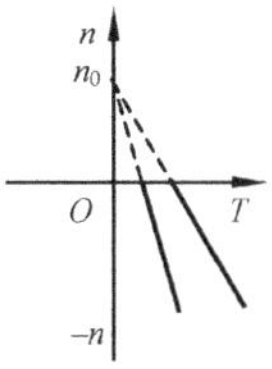 (图)	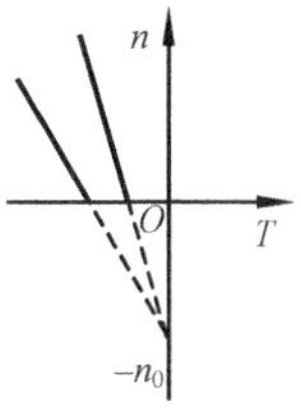 (图)	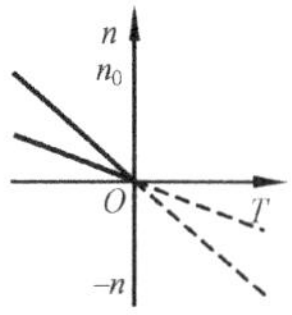 (图)
	方程式	$n=n_0-\dfrac{R_a+R_{ad}}{K_eK_t\Phi^2}T$			$n=-n_0-\dfrac{R_a+R_{ad}}{K_eK_t\Phi^2}T$	$n=\dfrac{R_a+R_{ad}}{K_eK_t\Phi^2}T$
		$n>0,T>0$	$n>0,T<0$	$n<0,T>0$	$n>0,T<0$ ($n<0,T>0$)	$n>0,T<0$ ($n<0,T>0$)
用途		拖动生产机械	在 $n>n_0$ 条件下控制位能性负载的下降速度	一般在 $n<n_0$ 的条件下控制位能性负载的下降速度	使系统迅速停车（或反向）	使惯性系统迅速停车（或控制位能性负载的下降速度）

3.1.2 基本要求

(1) 在了解直流电机的基本结构的基础上，着重掌握直流电机的基本工作原理，特别应掌握转矩方程式、电动势方程式和电压平衡方程式。

(2) 掌握直流电动机的机械特性，特别是人为机械特性。

(3) 掌握直流电动机启动、调速和制动的各种方法以及各种方法的优缺点和应用场所。

(4) 学会用机械特性的四个象限来分析直流电动机的运行状态。

(5) 学会根据他励直流电动机的铭牌数据，确定电动机启动等运行特性。

3.1.3 重点与难点

1. 重点

(1) 由于机械特性是根据转矩、电动势、电压平衡方程式推导出来的，而机械特性又是分析启动、调速和制动特性的依据，所以机械特性是电动机内容的重中之重。

(2) 他励直流电动机的启动特性。
(3) 他励直流电动机的调压调速特性。

2. 难点

电流、电动势的换向过程和电动机的制动过程；电动机在各种运转状态下电磁转矩 T、负载转矩 T_L、转速 n、电枢电流 I_a 和电动势 E 等符号的确定。

3.2 例题解析

例 3.1 一台他励直流电动机在稳态下运行时，电枢反电动势 $E=E_1$，如负载转矩 $T_L=$ 常数，外加电压和电枢电路中的电阻均不变，问：减弱励磁使转速上升到新的稳态值后，电枢反电动势将如何变化？是大于、小于还是等于 E_1？

解 回答这个问题时特别要注意其中的两个已知条件：一个是负载转矩 $T_L=$ 常数，一个是减弱励磁时系统是从一个稳态到另一个稳态（而不涉及瞬态过程）。电枢反电动势是稳态值。

因在稳态运行时，电动机的电磁转矩 T 等于负载转矩 T_L，即 $T_L=T=K_t\Phi I_a=$ 常数，磁通 Φ 减小，电枢电流 I_a 必然要增大。

又因在电动机中，$E=U-I_aR_a$，由题意知，外加电压 U 和电枢电阻 R_a 不变，则 I_a 的增大必引起电枢反电动势 E 的减小。

所以减弱励磁使转速上升到新的稳态值后，电枢反电动势 E 要小于 E_1。

注意：此题中从公式 $E=K_e\Phi n$ 看不出 E 是如何变化的。从此题的分析可知，利用 $T=K_t\Phi I_a$、$E=K_e\Phi n$ 和 $U=E+I_aR_a$ 三个基本公式分析直流电动机的运行情况时，一定要考虑到当时所处的具体条件，切不可随意套用，否则会出错。

例 3.2 一台 Z2-22 型并励电动机的额定功率 $P_N=2.2$ kW，额定电压 $U_N=220$ V，额定电流 $I_N=12.2$ A，额定转速 $n_N=3000$ r/min，最大励磁功率 $P_{fN}=68.2$ W。试求：

(1) 最大励磁电流 I_{fN}； (2) 额定运行时的电枢电流 I_{aN}；
(3) 额定转矩 T_N； (4) 额定运行时的效率 η_N。

解 (1) 最大励磁电流为

$$I_{fN}=\frac{P_{fN}}{U_N}=\frac{68.2}{220}\text{ A}=0.31\text{ A}$$

(2) 额定运行时的电枢电流为

$$I_{aN}=I_N-I_{fN}=(12.2-0.31)\text{ A}=11.89\text{ A}$$

(3) 额定转矩为

$$T_N=9.55\frac{P_N}{n_N}=9.55\times\frac{2.2\times10^3}{3000}\text{ N}\cdot\text{m}=7\text{ N}\cdot\text{m}$$

(4) 额定运行时的效率为

$$\eta_N = \frac{额定输出功率(轴上输出的机械功率)}{额定输入功率(从电源输入的电功率)} \times 100\%$$

$$= \frac{P_N}{P_{1N}} \times 100\% = \frac{P_N}{U_N I_N} \times 100\% = \frac{2.2 \times 10^3}{220 \times 12.2} \times 100\% = 82\%$$

例 3.3 一台 Z2-51 型他励电动机的额定功率 $P_N = 5.5$ kW，额定电压 $U_N = 220$ V，额定电流 $I_N = 31$ A，额定转速 $n_N = 1500$ r/min。若忽略损耗，认为额定运行时的电磁转矩近似等于额定输出转矩。试绘制这台电动机近似的固有机械特性。

解 因他励直流电动机的机械特性曲线 $n = f(T)$ 是一条直线，故只要求出理想空载点 $(0, n_0)$ 和额定运行点 (T_N, n_N) 即可绘出。而 $n_0 = \frac{U_N}{K_e \Phi_N}$，又 $K_e \Phi_N = \frac{U_N - I_N R_a}{n_N}$，所以首先要求出电枢电阻 R_a，其计算步骤如下：

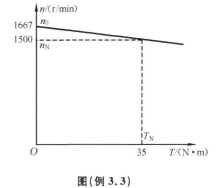

图(例 3.3)

(1) 估算出电枢电阻 R_a。由教材中的式(3.15)，有

$$R_a = 0.5 \times \left(1 - \frac{P_N}{U_N I_N}\right) \frac{U_N}{I_N}$$

$$= 0.5 \times \left(1 - \frac{5.5 \times 10^3}{220 \times 31}\right) \times \frac{220}{31} \ \Omega = 0.69 \ \Omega$$

(2) 求 $K_e \Phi_N$。由教材中的式(3.16)知

$$K_e \Phi_N = \frac{U_N - I_N R_a}{n_N} = \frac{220 - 31 \times 0.69}{1500} \ \text{V/(r/min)}$$

$$= 0.132 \ \text{V/(r/min)}$$

(3) 求理想空载转速 n_0，即

$$n_0 = \frac{U_N}{K_e \Phi_N} = \frac{220}{0.132} \ \text{r/min} = 1667 \ \text{r/min}$$

(4) 求额定转矩 T_N。由教材中的式(3.17)知

$$T_N = 9.55 \frac{P_N}{n_N} = 9.55 \times \frac{5.5 \times 10^3}{1500} \ \text{N} \cdot \text{m} = 35 \ \text{N} \cdot \text{m}$$

这台电动机的机械特性如图(例 3.3)所示。

例 3.4 一台直流他励电动机的额定功率 $P_N = 17$ kW，额定电压 $U_N = 220$ V，额定电流 $I_N = 91$ A，额定转速 $n_N = 1500$ r/min，电枢电阻 $R_a = 0.22 \Omega$。

(1) 试求额定转矩 T_N； (2) 试求直接启动时的启动电流 I_{st}；

(3) 如果要使启动电流不超过额定电流的两倍，求启动电阻。此时启动转矩为多少？

(4) 如果采用降压启动，启动电流仍限制为额定电流的两倍，电源电压应为多少？

解 (1) 额定转矩为

$$T_{\mathrm{N}} = 9.55 \frac{P_{\mathrm{N}}}{n_{\mathrm{N}}} = 9.55 \times \frac{17 \times 10^3}{1500} \mathrm{N \cdot m} = 108.2 \mathrm{N \cdot m}$$

(2) 直接启动时的启动电流为

$$I_{\mathrm{st}} = \frac{U_{\mathrm{N}}}{R_{\mathrm{a}}} = \frac{220}{0.22} \mathrm{A} = 1000 \mathrm{A}$$

(3) 电枢串接启动电阻 R_{ad} 后的启动电流为

$$I'_{\mathrm{st}} = \frac{U_{\mathrm{N}}}{R_{\mathrm{a}} + R_{\mathrm{ad}}} \leqslant 2I_{\mathrm{N}}$$

故

$$R_{\mathrm{ad}} \geqslant \frac{U_{\mathrm{N}}}{2I_{\mathrm{N}}} - R_{\mathrm{a}} = \left(\frac{220}{2 \times 91} - 0.22\right) \Omega = 0.99 \Omega$$

而启动转矩为

$$T'_{\mathrm{st}} = K_{\mathrm{t}} \Phi_{\mathrm{N}} I'_{\mathrm{st}}$$

其中

$$K_{\mathrm{t}} \Phi_{\mathrm{N}} = 9.55 K_{\mathrm{e}} \Phi_{\mathrm{N}} = 9.55 \frac{U_{\mathrm{N}} - I_{\mathrm{N}} R_{\mathrm{a}}}{n_{\mathrm{N}}}$$

$$= 9.55 \times \frac{220 - 91 \times 0.22}{1500} \mathrm{(N \cdot m)/A} = 1.27 \mathrm{(N \cdot m)/A}$$

故此时的启动转矩为

$$T'_{\mathrm{st}} = K_{\mathrm{t}} \Phi_{\mathrm{N}} \times 2I_{\mathrm{N}} = 1.27 \times 2 \times 91 \mathrm{N \cdot m} = 231 \mathrm{N \cdot m}$$

注意：$\frac{T'_{\mathrm{st}}}{T_{\mathrm{N}}} \neq \frac{I'_{\mathrm{st}}}{I_{\mathrm{N}}}$（因 $T_{\mathrm{N}} \neq K_{\mathrm{t}} \Phi_{\mathrm{N}} I_{\mathrm{N}}$），即不能用 $T'_{\mathrm{st}} = \frac{I'_{\mathrm{st}}}{I_{\mathrm{N}}} T_{\mathrm{N}}$ 来求 T'_{st}。

(4) 降压启动时，有

$$I'_{\mathrm{st}} = \frac{U}{R_{\mathrm{a}}} = 2I_{\mathrm{N}}$$

故电源电压为

$$U = 2I_{\mathrm{N}} R_{\mathrm{a}} = 2 \times 91 \times 0.22 \mathrm{V} = 40 \mathrm{V}$$

例 3.5 一台他励直流电动机的额定功率 $P_{\mathrm{N}}=2.2 \mathrm{kW}$，额定电压 $U_{\mathrm{N}}=220 \mathrm{V}$，额定电流 $I_{\mathrm{N}}=12.4 \mathrm{A}$，电枢电阻 $R_{\mathrm{a}}=1.7 \Omega$，额定转速 $n_{\mathrm{N}}=1500 \mathrm{r/min}$。如果这台电动机在额定转矩下运行，试问：

(1) 电动机的电枢电压降至 180 V 时，电动机的转速是多少？

(2) 励磁电流 $I_{\mathrm{f}}=0.8I_{\mathrm{fN}}$（即磁通 $\Phi=0.8\Phi_{\mathrm{N}}$）时，电动机的转速是多少？

(3) 电枢回路串接附加电阻 $R_{\mathrm{ad}}=2 \Omega$ 时，电动机的转速是多少？

解 运用教材中式(3.13)所示的机械特性表示式 $n = \frac{U}{K_{\mathrm{e}}\Phi} - \frac{R_{\mathrm{a}}}{K_{\mathrm{e}}K_{\mathrm{t}}\Phi^2}T$ 即可求出上述几种条件下的转速 n。题中三种条件下的转矩 T 是相同的，在忽略了损耗的情况下，有

$$T = T_{\mathrm{N}} = 9.55 \frac{P_{\mathrm{N}}}{n_{\mathrm{N}}} = 9.55 \times \frac{2.2 \times 10^3}{1500} \mathrm{N \cdot m} = 14 \mathrm{N \cdot m}$$

(1) 此时 $U=180 \mathrm{V}$，$R_{\mathrm{a}}=1.7 \Omega$，而

$$K_{\mathrm{e}}\Phi = K_{\mathrm{e}}\Phi_{\mathrm{N}} = \frac{U_{\mathrm{N}} - I_{\mathrm{N}}R_{\mathrm{a}}}{n_{\mathrm{N}}} = \frac{220 - 12.4 \times 1.7}{1500} \mathrm{V/(r/min)} = 0.13 \mathrm{V/(r/min)}$$

则
$$K_t\Phi = K_t\Phi_N = 9.55 K_e\Phi = 9.55 \times 0.13 \ (N\cdot m)/A = 1.24 \ (N\cdot m)/A$$
$$K_e K_t \Phi^2 = K_e K_t \Phi_N^2 = 0.13 \times 1.24 \ N\cdot m\Omega/(r/min)$$
$$= 0.16 \ N\cdot m\Omega/(r/min)$$

故
$$n = \frac{U}{K_e\Phi_N} - \frac{R_a}{K_e K_t \Phi^2} T_N = \left(\frac{180}{0.13} - \frac{1.7}{0.16} \times 14\right) \ r/min$$
$$= 1236 \ r/min$$

(2) 此时 $U=U_N=220 \ V, R_a=1.7 \ \Omega$，而
$$K_e\Phi = 0.8 K_e\Phi_N = 0.8 \times 0.13 \ V/(r/min) = 0.104 \ V/(r/min)$$
$$K_t\Phi = 9.55 K_e\Phi = 9.55 \times 0.104 \ N\cdot m/A = 0.993 \ N\cdot m/A$$

则
$$K_e K_t \Phi^2 = 0.104 \times 0.993 \ N\cdot m\Omega/(r/min) = 0.103 \ N\cdot m\Omega/(r/min)$$

故
$$n = \frac{U_N}{K_e\Phi} - \frac{R_a}{K_e K_t \Phi^2} T_N = \left(\frac{220}{0.104} - \frac{1.7}{0.103} \times 14\right) \ r/min$$
$$= 1884 \ r/min$$

(3) 此时 $U=U_N=220 \ V$，电枢回路总电阻为
$$R = R_a + R_{ad} = (1.7 + 2) \ \Omega = 3.7 \ \Omega$$

而
$$K_e\Phi = K_e\Phi_N = 0.13 \ V/(r/min)$$

则
$$K_e K_t \Phi^2 = K_e K_t \Phi_N^2 = 0.16 \ N\cdot m\Omega/(r/min)$$

故
$$n = \frac{U_N}{K_e\Phi_N} - \frac{R_a + R_{ad}}{K_e K_t \Phi_N^2} T_N = \left(\frac{220}{0.13} - \frac{3.7}{0.16} \times 14\right) \ r/min$$
$$= 1368 \ r/min$$

3.3 学 习 自 评

3.3.1 自测练习

3.1 一台他励直流电动机所拖动的负载转矩 T_L=常数，当电枢电压或电枢附加电阻改变时，能否改变其稳定运行状态下电枢电流的大小？为什么？这时拖动系统中哪些量必然要发生变化？(提示：注意负载转矩 T_L=常数这个已知条件。)

3.2 一台他励直流电动机的铭牌数据如下：$P_N=7.5 \ kW, U_N=220 \ V, n_N=1500 \ r/min$, $\eta_N=88.5\%$，试求该电动机的额定电流和额定转矩。

3.3 一台并励直流电动机的铭牌数据如下：$P_N=5.5 \ kW, U_N=220 \ V, I_N=61 \ A$，额定励磁电流 $I_{fN}=2 \ A, n_N=1500 \ r/min$，电枢电阻 $R_a=0.2 \ \Omega$，若忽略机械磨损和铜耗、铁耗，认为额定运行状态下的电磁转矩近似等于额定输出转矩，试绘制它近似的固有机械特性曲线。(提示：先求出 I_{aN}，才能求出 n_0。)

3.4 一台他励直流电动机的铭牌数据如下:$P_N=6.5$ kW,$U_N=220$ V,$I_N=34.4$ A,$n_N=1500$ r/min,$R_a=0.242$ Ω,试计算此电动机的如下特性:

①固有机械特性;

②电枢附加电阻分别为 3 Ω 和 5 Ω 时的人为机械特性;

③电枢电压为 $U_N/2$ 时的人为机械特性;

④磁通 $\Phi=0.8\Phi_N$ 时的人为机械特性。

绘制上述各特性的图形。(提示:因他励直流电动机的机械特性是由教材中的式(3.13),即 $n=\dfrac{U}{K_e\Phi}-\dfrac{R_a}{K_eK_t\Phi^2}T$ 所决定的 $n=f(T)$,它是一条直线,故绘此特性时只需求出两个特殊点 $(0,n_0)$ 和 (T_N,n_N) 即可,如果不是绘近似的机械特性曲线,则其中的 T_N 不能用 $T_N=9.55\dfrac{P_N}{n_N}$ 计算,而要用电磁转矩 $T_M=T'_N=K_t\Phi I_N$ 来计算。)

3.5 直流他励电动机启动时,为什么一定要先把励磁电流加上?

(1)若忘了先合励磁绕组的电源开关就把电枢电源接通,会产生什么现象?(提示:试从 $T_L=0$ 和 $T_L=T_N$ 两种情况加以分析。)

(2)当电动机运行在额定转速下,若突然将励磁绕组断开,此时又将出现什么情况?(提示:电动机有一定的剩磁。)

3.6 一台他励直流电动机的 $P_N=2.2$ kW,$U_N=U_f=110$ V,$n_N=1500$ r/min,$\eta=80\%$,$R_a=0.4$ Ω,$R_f=82.7$ Ω。

(1)求额定电枢电流 I_{aN}; (2)求额定励磁电流 I_{fN}; (3)求励磁功率 P_f;

(4)求额定转矩 T_N; (5)求额定电流时的反电动势;(6)求直接启动时的启动电流;

(7)如果要使启动电流不超过额定电流的 2 倍,那么启动电阻应为多大? 此时启动转矩又为多少? (提示:启动转矩是电磁转矩。)

3.7 他励直流电动机可采用哪些方法进行调速? 它们的特点分别是什么?

3.8 他励直流电动机有哪几种制动方法? 它们的机械特性如何? 试比较各种制动方法的优缺点。

3.3.2 自测练习参考答案

3.1 不能改变 I_a 的大小;电动势 E 和转速 n 要变化。

3.2 $I_N=38.5$ A,$T_N=47.74$ N·m。

3.3 为两点$(T=0,n=n_0=1680$ r/min$)$和$(T=T_N=35$ N·m,$n=n_N=1500$ r/min$)$连接的直线。

3.4 如图(题 3.4)所示。

3.5 (1)$T_L=0$ 时飞车,$T_L=T_N$ 时电枢电流 I_a 很大; (2)电枢电流 I_a 大大增加。

第3章 直流电机的工作原理及特性

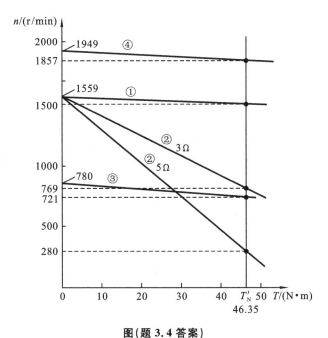

图(题 3.4 答案)

3.6　(1) $I_{aN}=25$ A；　　　(2) $I_{fN}=1.33$ A；　　(3) $P_f=146.3$ W；
　　(4) $T_N=14$ N·m；　　(5) $E=100$ V；　　　(6) $I_{st}=275$ A；
　　(7) $R_{st}=1.8$ Ω，$T_{st}=31.8$ N·m。

3.7、3.8　(略)

3.4　关于教学方面的建议

(1) 对于直流电机的结构和工作原理，最好采用现场教学或采用多媒体教学。
(2) 直流发电机现已用得不多，略加讲解即可。
(3) 电动机的制动过程(特别是反接制动过程)是比较难讲解的内容，要备加重视。

第4章 交流电动机的工作原理及特性

4.1 知识要点

4.1.1 基本内容

1. 三相电动机的基本工作原理

交流电动机主要有异步电动机和同步电动机,三相异步电动机又有笼型电动机和绕线转子电动机两种,笼型异步电动机具有一系列的优点,所以在机电传动控制系统中使用得最为广泛。

旋转磁场是三相交流电动机赖以工作的基础,其同步转速为

$$n_0 = \frac{60 f_1}{p}$$

异步电动机依据电磁感应和电磁力的原理使转子以低于 n_0 的转速 n 旋转,其转差率

$$S = \frac{n_0 - n}{n_0}$$

是异步电动机一个非常重要的参数。

同步电动机则依靠异性相吸的原理使转子严格地以同步转速 n_0 旋转。

2. 三相异步电动机定子电路与转子电路中的几个主要电量

异步电动机工作时,其定子每相绕组的感应电动势为

$$E_1 = 4.44 f_1 N_1 \Phi$$

而且,定子每相绕组上施加的电压 $U_1 \approx E_1$,可见 $\Phi \propto U_1$。

转子每相绕组的感应电动势为

$$E_2 = 4.44 f_2 N_2 \Phi = S E_{20}$$

(因转子电动势的频率 $f_2 = S f_1$,$E_{20} = 4.44 f_2 N_2 \Phi$ 为转子不动时转子每相的电动势。)

转子每相绕组的电流为

$$I_2 = \frac{SE_{20}}{\sqrt{R_2^2 + (SX_{20})^2}}$$

转子每相电路的功率因数为

$$\cos\varphi_2 = \frac{R_2}{\sqrt{R_2^2 + (SX_{20})^2}}$$

3. 异步电动机的机械特性

异步电动机所产生的电磁转矩为

$$T = K\frac{SR_2U^2}{R_2^2 + (SX_{20})^2} \tag{4.1.1}$$

由式(4.1.1)可作出异步电动机固有的机械特性 $n = f(T)$，此特性曲线上有四个重要特殊点：

(1) $T = 0, n = n_0(S = 0)$ 为理想空载点。

(2) $T = T_N, n = n_N(S = S_N)$ 为额定工作点，有

$$T_N = 9.55\frac{P_N}{n_N}, \quad S_N = \frac{n_0 - n_N}{n_0}$$

(3) $T = T_{st}, n = 0(S = 1)$ 为启动工作点，有

$$T_{st} = K\frac{R_2U^2}{R_2^2 + X_{20}^2}$$

且一般

$$\lambda_{st} = \frac{T_{st}}{T_N} = 1 \sim 1.2$$

(4) $T = T_{max}, n = n_m(S = S_m)$ 为临界工作点，有

$$T_{max} = K\frac{U^2}{2X_{20}} \tag{4.1.2}$$

$$S_m = \frac{R_2}{X_{20}} \tag{4.1.3}$$

且一般过载能力系数为

$$\lambda_m = \frac{T_{max}}{T_N} = 1.8 \sim 2.8$$

根据式(4.1.1)还可以作出改变 U、f 以及在定子、转子电路串接电阻或电感的人为机械特性。

异步电动机的铭牌数据及一些额定值,对使用者来说是相当重要的,必须给予重视。

4. 异步电动机的启动

异步电动机启动电流大,有对电网影响大等一系列缺点,因此,必须采取限制启动电流以改善启动性能的措施,这对延长电动机的使用寿命以及提高工作效率和可靠性都有重要的价值。改善启动性能是从两方面来实现的:一是从外部控制线路上想办法,对于笼型电动机主要采取多种降压启动法(如定子串电阻或电抗、Y/△接线、自耦变压器、延边三角形等),对于绕线转子电动机则主要在转子电路中串接电阻或频敏变阻器;二是从电动机内部想办法,即在制

造上增加笼型异步电动机转子导条电阻或改善转子槽形(如高转差率、双鼠笼和深槽式等)。其最终效果都是为了减小启动电流而获得尽可能大的启动转矩。

直接启动只有在供电电网(或供电变压器)容量允许的前提下才能采用。各种启动方法都有各自的优缺点,注意根据实际情况来选用不同的启动方法。

5. 异步电动机的调速

由 $n = \dfrac{60f}{p}(1-S)$ 可知,异步电动机的调速方法有三种:

(1)改变转差率调速,包括转子串电阻调速和改变电压调速。这种调速方法设备简单,启动性能好,但随着 S 的增大,电动机的特性变坏,效率降低。

(2)变极调速,就是改变定子绕组的连接方式,使每组定子绕组的一半绕组内的电流改变方向,这不仅使电动机的极对数和转速大小发生变化,而且电流的相序和电动机的转向也发生了改变,为保持电动机原来的转向,必须在变极的同时改变三相绕组接线的相序。若绕组由 Y 改变为 YY,则属恒转矩调速;若绕组由 △ 改变为 YY,则属恒功率调速。

(3)变频调速,能对异步电动机转速进行宽范围的连续调节,该方法控制功率小,调节方便,易于实现闭环控制,是目前广泛采用的一种调速方式。

不同的调速方法都有各自的优缺点,应因地制宜采用。

6. 异步电动机的制动

异步电动机的制动状态也有三种:

(1)反馈制动状态,其特点是 $n>n_0$,S 和 T 均为负值,机械特性曲线是第一象限中电动机状态下的机械特性曲线在第二象限的延伸。

(2)反接制动状态,其特点是 n_0 与 n 反向,若是电源反接(对反抗性转矩),则 T 与 T_L 同向,机械特性曲线由第一象限转为第二象限,使电动机迅速停下(注意,$n=0$ 时要及时拉开电源,否则反转);若是倒拉反接(对位能性转矩),则 T 与 T_L 仍然反向,机械特性曲线由第一象限转为第四象限,电动机反转使重物慢速下降。

(3)能耗制动状态,其特点是要在定子两相绕组上加直流电压,产生制动转矩,使电动机停下,机械特性曲线由第一象限转为第二象限。

实际应用时,应根据实际需要来选择适宜的制动方法。

7. 单相异步电动机

单相异步电动机是一种采用单相电源供电的异步电动机,工作原理与三相异步电动机单相运行相同,主要运行特点是电动机没有启动转矩。为使电动机启动,通常用电容分相式启动和罩极式启动等方法,在原理上是将单相脉动磁场变为旋转磁场,具体方式是采用另设启动绕组或在极靴上加短路铜环。它的突出优点是只需单相交流电源供电,因此,它广泛应用于家用电器、医疗器械和自动控制装置中。

8. 同步电动机

同步电动机的最大特点是转速恒定,功率因数可调,可用来改善电网的功率因数。一般的同步电动机启动困难,需采用异步启动法,但用于变频调速的同步电动机由于频率可调,很易实现低速启动。

4.1.2 基本要求

(1)了解异步电动机的基本结构和旋转磁场的产生。
(2)掌握异步电动机的工作原理、机械特性,以及启动、调速、制动的各种方法、特点和应用。
(3)学会用机械特性曲线的四个象限来分析异步电动机的运行状态。
(4)掌握单相异步电动机的工作原理和启动方法。
(5)了解同步电动机的结构特点、工作原理、运行特性及启动方法。

4.1.3 重点与难点

1. 重点

(1)异步电动机的机械特性,该特性是基于异步电动机的工作原理而推导出来的。异步电动机的人为机械特性特别重要,因为它是分析异步电动机启动、调速、制动工作状态的依据。
(2)对异步电动机铭牌数据、额定值的含义要非常熟悉。
(3)异步电动机直接启动和 Y-△降压启动的条件和优缺点,绕线转子异步电动机转子串电阻的启动、调速和制动,以及各种启动方法的应用场合;
(4)异步电动机变频调速和变极对数调速的特性与优缺点。

2. 难点

定子旋转磁场与转子运动的相对性和电动机的制动过程。

4.2 例题解析

例 4.1 一台三相四极的异步电动机,Y 接法,其额定功率 $P_N=90$ kW,额定电压 $U_N=3000$ V,额定电流 $I_N=22.9$ A,电源频率 $f_1=50$ Hz,额定转差率 $S_N=0.0285$,定子每相绕组匝数 $N_1=320$,转子每相绕线匝数 $N_2=20$,旋转磁场的每极磁通 $\Phi=0.023$ Wb。试求:
(1)定子每相绕组感应电动势 E_1; (2)转子每相绕组开路电压 E_{20};
(3)额定转速时转子每相绕组感应电动势 E_{2N}。

解 (1)定子每相绕组感应电动势为

$$E_1 = 4.44 f_1 N_1 \Phi = 4.44 \times 50 \times 320 \times 0.023 \text{ V} = 1634 \text{ V}$$

(2)转子绕组开路时,转子电路电流 $I_2=0$,转子转速 $n=0$,转子绕组电动势频率 $f_2=f_1=50$ Hz,故转子每相绕组的感应电动势(即开路电压)为

$$E_{20} = 4.44 f_2 N_2 \Phi = 4.44 f_1 N_2 \Phi = 4.44 \times 50 \times 20 \times 0.023 \text{ V} = 102 \text{ V}$$

(3)额定转速下转差率即额定转差率为 S_N 时,其转子电动势的频率为

$$f_2 = S_N f_1 = 0.0285 \times 50 \text{ Hz} = 1.43 \text{ Hz}$$

故额定转速下转子每相绕组感应电动势为

$$E_{2N} = 4.44 f_2 N_2 \Phi = 4.44 \times 1.43 \times 20 \times 0.023 \text{ V} = 2.9 \text{ V}$$

例 4.2 一台四极的三相异步电动机,电源频率 $f_1=50$ Hz,额定转速 $n_N=1440$ r/min,转子电阻 $R_2=0.02$ Ω,转子感抗 $X_{20}=0.08$ Ω,转子电动势 $E_{20}=20$ V。试求:
(1)电动机的同步转速 n_0; (2)电动机启动时的转子电流 I_{2st};
(3)电动机在额定转速时的转子电动势的频率 f_{2N};
(4)电动机在额定转速时的转子电流 I_{2N}。

解 (1)电动机的同步转速为

$$n_0 = \frac{60 f_1}{p} = \frac{60 \times 50}{2} \text{ r/min} = 1500 \text{ r/min}$$

(2)电动机启动时的转子电流为

$$I_{2st} = \frac{E_{20}}{\sqrt{R_2^2 + X_{20}^2}} = \frac{20}{\sqrt{0.02^2 + 0.08^2}} \text{ A} = 242.5 \text{ A}$$

(3)因在额定转速下,电动机的转差率为

$$S_N = \frac{n_0 - n_N}{n_0} = \frac{1500 - 1440}{1500} = 0.04$$

故电动机在额定转速时转子电动势的频率为

$$f_{2N} = S_N f_1 = 0.04 \times 50 \text{ Hz} = 2 \text{ Hz}$$

(4)电动机在额定转速时的转子电流为

$$I_{2N} = \frac{S_N E_{20}}{\sqrt{R_2^2 + (S_N \times 20)^2}} = \frac{0.04 \times 20}{\sqrt{0.02^2 + (0.04 \times 0.08)^2}} \text{ A} = 40 \text{ A}$$

可见,电动机启动时的电流是额定转速下电流的6倍多。

例 4.3 一台三相异步电动机在额定情况下运行时电源电压突然下降,而负载转矩不变,试分析下述各量有无变化并说明原因:
(1)旋转磁场的转速 n_0; (2)主磁通 Φ; (3)转子转速 n;
(4)转子电路的功率因数 $\cos\varphi_2$; (5)转子电流 I_2。

解 (1)n_0 不变,因为 $n_0 = \frac{60 f}{p}$ 与电源电压 U 无关。

(2)Φ 减小,因为 $U \approx E_1 = 4.44 f_1 N_1 \Phi$,其 f_1、N_1 为常数时,$\Phi \propto U$,即 U 下降时,Φ 会减小。

(3)n 下降。$T \propto U^2$，即电动机的电磁转矩随电源电压下降而下降，而负载转矩 T_L 不变，于是就使 $T < T_L$，从而迫使 n 下降。

(4)$\cos\varphi_2$ 减小。因为 $S = \dfrac{n_0 - n}{n_0}$，所以 S 随 n 的下降而增大，而 $\cos\varphi_2 = \dfrac{R_2}{\sqrt{R_2^2 + (SX_{20})^2}}$，因此 $\cos\varphi_2$ 随 S 的增大而减小。

(5)I_2 增大。因转速 n 下降后会迫使电磁转矩 T 增大到 $T = T_L$，电动机又在新的稳定平衡点运行，即 $T = K_t \Phi I_2 \cos\varphi_2 = T_L$，当 U 下降时，Φ 减小，而 n 下降，S 增大，使 $\cos\varphi_2$ 减小，又 K_t 为常数，故 T 增大，I_2 必然要增大。

例 4.4 一台三相绕线转子异步电动机的铭牌数据为：$P_N = 100$ kW，$U_N = 380$ V，$I_N = 195$ A，$\cos\varphi = 0.85$，$n_N = 950$ r/min，在额定转速下运行时，机械损失功率 $\Delta P_m = 1$ kW，忽略附加损耗。求在额定运行时的以下指标：

(1)机械总功率 P_m；　　(2)电磁功率 P_e；　　(3)转子铜耗 ΔP_{cu2}；　　(4)电动机的效率 η；
(5)电磁转矩 T；　　(6)输出转矩 T_2；　　(7)空载转矩 T_0。

解 (1)额定运行时的机械总功率为
$$P_m = P_N + \Delta P_m = (100 + 1) \text{ kW} = 101 \text{ kW}$$

(2)额定运行时的电磁功率为
$$P_e = P_m + \Delta P_{cu2}$$

式中
$$\Delta P_{cu2} = P_e - P_m = P_e \frac{P_e - P_m}{P_e} = P_e \frac{T\omega_1 - T\omega}{T\omega_1}$$
$$= P_e \frac{\omega_1 - \omega}{\omega_1} = P_e \frac{n_1 - n}{n_1} = SP_e$$
$$P_m = P_e - \Delta P_{cu2} = P_e - SP_e = P_e(1 - S)$$

所以
$$P_e = \frac{P_m}{1 - S}$$

而额定转差率为
$$S_N = \frac{n_1 - n_N}{n_1} = \frac{1000 - 950}{1000} = 0.05$$

因此
$$P_e = \frac{P_m}{1 - S_N} = \frac{101}{1 - 0.05} \text{ kW} = 106.3 \text{ kW}$$

(3)额定运行时的转子铜耗为
$$\Delta P_{cu2} = S_N P_e = 0.05 \times 106.3 \text{ kW} = 5.3 \text{ kW}$$

(4)因电动机的输入功率为
$$P_1 = \sqrt{3} U_N I_N \cos\varphi = 1.73 \times 380 \times 195 \times 0.85 \text{ kW} = 108.96 \text{ kW}$$

故额定运行时的效率为

$$\eta_N = \frac{P_N}{P_1} = \frac{100}{108.96} \times 100\% = 91.8\%$$

(5)额定运行时的电磁转矩为

$$T = \frac{P_e}{\omega_1} = \frac{P_e}{\frac{2\pi n_1}{60}} \approx 9.55 \frac{P_e}{n_1} = 9.55 \times \frac{106.3 \times 10^3}{1000} \text{ N} \cdot \text{m} = 1015.2 \text{ N} \cdot \text{m}$$

(6)额定运行时的输出转矩为

$$T_2 = T_N = \frac{P_N}{\omega_N} = \frac{P_N}{\frac{2\pi n_N}{60}} \approx 9.55 \frac{P_N}{n_N} = 9.55 \times \frac{100 \times 10^3}{950} \text{ N} \cdot \text{m} = 1005.3 \text{ N} \cdot \text{m}$$

(7)额定运行时的空载转矩为

$$T_0 = \frac{\Delta P_m}{\omega_N} = \frac{\Delta P_m}{\frac{2\pi n_N}{60}} \approx 9.55 \frac{\Delta P_m}{n_N} = 9.55 \times \frac{1 \times 10^3}{950} \text{ N} \cdot \text{m} = 10.05 \text{ N} \cdot \text{m}$$

例 4.5 一台 JO2-32-4 三相异步电动机的铭牌数据如表(例 4.5)所示。试问:

表(例 4.5)

型号	P_N/kW	U_N/V	满载时				$\frac{I_{st}}{I_N}$	$\frac{T_{st}}{T_N}$	$\frac{T_{max}}{T_N}$
			n_N/(r/min)	I_N/A	η_N/%	$\cos\varphi_N$			
JO2-32-4	3	220/380	1430	11.18/6.47	83.5	0.84	7.0	1.8	2.0

(1)该电动机的同步转速 n_0 为多少? (2)该电动机有几对磁极?
(3)电源线电压为 380 V 时,此电动机三相定子绕组应如何连接?
(4)满载时转差率为多大? (5)满载时电动机的额定转矩为多少?
(6)直接启动时启动转矩为多少? (7)最大转矩为多少?
(8)直接启动时启动电流为多少?
(9)满载时电动机输入功率为多少?视在功率为多少?
(10)满载时电动机总损耗为多少?

解 (1)因 $n_0 = \frac{60f_1}{p}$,电源频率 $f=50$ Hz,磁极对数 p 是整数 1、2、3、4 等,故 n_0 只能是 3000、1500、1000、750 r/min 等。又因额定转速 n_N 很接近 n_0,且 $n_N < n_0$,现 $n_N=1430$ r/min,故 $n_0=1500$ r/min。

(2)磁极对数为 $$p = \frac{60f_1}{n_0} = \frac{60 \times 50}{1500} = \frac{60 \times 50}{1500} = 2$$

或从电动机型号 JO2-32-4 的最后一个数字可知,其磁极的个数为 4,故磁极对数 $p=2$。

(3)从已给的铭牌数据 U_N 为 220/380 V 知,定子绕组的额定相电压为 220 V,当电源线电压为 380 V 时,定子绕组应接成星形。

(4)满载时额定转差率为

$$S_N = \frac{n_0 - n_N}{n_0} = \frac{1500 - 1430}{1500} = 0.0467$$

(5)额定转矩为

$$T_N = 9550 \frac{P_N}{n_N} = 9550 \times \frac{3}{1430} \text{ N} \cdot \text{m} = 20.04 \text{ N} \cdot \text{m}$$

(6)因 $T_{st}/T_N = 1.8$,故直接启动时的启动转矩为

$$T_{st} = 1.8 T_N = 1.8 \times 20.04 \text{ N} \cdot \text{m} = 36.07 \text{ N} \cdot \text{m}$$

(7)因 $T_{max}/T_N = 2.0$,故最大转矩为

$$T_{max} = 2.0 T_N = 2.0 \times 20.04 \text{ N} \cdot \text{m} = 40.08 \text{ N} \cdot \text{m}$$

(8)因 $I_{st}/I_N = 7.0$,且是星形连接,故直接启动时的启动电流为

$$I_{st} = 7.0 I_N = 7.0 \times 6.47 \text{ A} = 45.29 \text{ A}$$

(9)满载时,输入功率为

$$P_1 = \sqrt{3} U_1 I_1 \cos\varphi = \sqrt{3} \times 380 \times 6.47 \times 0.84 \text{ W} = 3.58 \text{ kW}$$

也可根据 $\eta = P_2/P_1$,求得

$$P_1 = \frac{P_2}{\eta} = \frac{P_N}{\eta} = \frac{3}{83.5\%} \text{ kW} = 3.59 \text{ kW}$$

视在功率为

$$P_S = \sqrt{3} U_1 I_1 = \sqrt{3} \times 380 \times 6.47 \text{ kV} \cdot \text{A} = 4.26 \text{ kV} \cdot \text{A}$$

(10)满载时电动机总损耗为

$$\Delta P = P_1 - P_N = (3.58 - 3) \text{ kW} = 0.58 \text{ kW}$$

也可根据

$$\eta = \frac{P_2}{p_1} = \frac{P_2}{P_2 + \Delta P} = \frac{P_N}{P_N + \Delta P}$$

求得

$$\Delta P = P_N \frac{1-\eta}{\eta} = 3 \times \frac{1 - 83.5\%}{83.5\%} \text{ kW} = 0.59 \text{ kW}$$

例 4.6 已知某 JO2-52-4 型三相异步电动机的铭牌数据如表(例 4.6)所示,试计算该三相异步电动机的机械特性(转矩特性)。

表(例 4.6)

型号	P_N/kW	U_N/V	满载时				$\dfrac{I_{st}}{I_N}$	$\dfrac{T_{st}}{T_N}$	$\dfrac{T_{max}}{T_N}$
			n_N/(r/min)	I_N/A	η_N/%	$\cos\varphi_N$			
JO2-52-4	10	380	1450	20	87.5	0.87	7	1.4	2

解 由于三相异步电动机的参数很难得到,故用式(4.1.1)的转矩公式计算机械特性是非常麻烦的。在实际应用中,为了能直接利用铭牌数据来计算机械特性,常把 T 和 S 化成用 T_{max} 和 S_m 表示的形式,于是计算机械特性就方便多了。为此用式(4.1.2)除以式(4.1.1),并

将式(4.1.3)代入,经整理后得

$$T = \frac{2T_{\max}}{\dfrac{S}{S_m} + \dfrac{S_m}{S}} \qquad (例\ 4.6\text{-}1)$$

式(例 4.6-1)为转矩-转差率特性的实用表达式,也称之为规格化转矩-转差率特性的表达式。

由于电动机在 $S=0\sim S_m$ 这一工作段的 S 很小,即 $\dfrac{S}{S_m} \ll \dfrac{S_m}{S}$,若略去 $\dfrac{S}{S_m}$,式(例 4.6-1)可以进一步简化为

$$T = \frac{2T_{\max}}{S_m}S = BS \qquad (例\ 4.6\text{-}2)$$

式中,$B = \dfrac{2T_{\max}}{S_m}$,对已制成的电动机来说,$T_{\max}$ 和 S_m 都是常数,故电磁转矩正比于转差率 S,即异步电动机这一段的机械特性为一直线,因此实际异步电动机稳定运行段的机械特性用直线来代表是完全可行的。

根据式(例 4.6-1)或式(例 4.6-2),利用产品目录上提供的 P_N、n_N、λ_m 等有关数据即可通过计算得到三相异步电动机的机械特性。其步骤如下:

(1)额定转矩为

$$T_N = 9.55\frac{P_N}{n_N} = 9.55 \times \frac{10 \times 10^3}{1450}\ \mathrm{N\cdot m} = 65.86\ \mathrm{N\cdot m}$$

由已知的 λ_m 可求得

$$T_{\max} = \lambda_m T_N = 2 \times 65.86\ \mathrm{N\cdot m} = 131.7\ \mathrm{N\cdot m}$$

(2)根据 $n_0 = \dfrac{60f}{p}$,可估算出同步转速为

$$n_0 = \frac{60f}{p} = \frac{60 \times 50}{2}\ \mathrm{r/min} = 1500\ \mathrm{r/min}$$

(3)根据 $S_N = \dfrac{n_0 - n_N}{n_0}$,可求得

$$S_N = \frac{n_0 - n_N}{n_0} = \frac{1500 - 1450}{1500} = 0.03$$

(4)将 S_N 和 T_N 代入式(例 4.6-1)或式(例 4.6-2),得

$$S_m = (\lambda_m + \sqrt{\lambda_m^2 - 1})S_N \quad 或 \quad S_m = 2\lambda_m S_N$$

则

$$S_m = (\lambda_m + \sqrt{\lambda_m^2 - 1})S_N = (2 + \sqrt{2^2 - 1}) \times 0.03 = 0.112$$

(5)根据 $T_{\max}$ 和 S_m,就可利用式(例 4.6-1)或式(例 4.6-2)求得 $T\text{-}S$ 曲线(即机械特性曲线 $n = f(T)$)的表达式,故机械特性为

$$T = \frac{2T_{\max}}{\dfrac{S_m}{S} + \dfrac{S}{S_m}} = \frac{263.4}{\dfrac{0.112}{S} + \dfrac{S}{0.112}}$$

可见,利用式(例 4.6-1)这一实用公式计算机械特性是比较方便的。

例 4.7 一台三相异步电动机的 $P_N = 3 \text{ kW}, U_N = 220/380 \text{ V}, n_N = 2860 \text{ r/min}, I_N = 11.0/6.37 \text{ A}, I_{st}/I_N = 6.5, T_{st}/T_N = 1.8, T_{max}/T_N = 2.2$。试问:

(1)电源电压为 220 V 时,能否采用 Y-△降压启动?

(2)采用 Y-△降压启动时的启动电流为多少?它所能启动的最大负载转矩 T_{Lmax} 为多少?

(3)若运行时的转速 $n < n_N$,负载转矩与额定转矩相比,其结果如何?

(4)若运行时负载转矩 $T_L > 2.2 T_N$,将会出现什么现象?

解 (1)已知定子绕组额定相电压为 220 V,当电源电压为 220 V 时,电动机正常运行时定子绕组应接成三角形,所以可以采用 Y-△降压启动。但如果电源电压为 380 V 时,此电动机是不能采用 Y-△降压启动的。

(2)采用 Y-△降压启动时的启动电流为

$$I_{stY} = \frac{I_{st\triangle}}{3} = \frac{1}{3} \times 6.5 \times 11.0 \text{ A} = 23.83 \text{ A}$$

此时的启动转矩为

$$T_{stY} = \frac{T_{st\triangle}}{3} = \frac{1}{3} \times 1.8 T_N = \frac{1}{3} \times 1.8 \times 9550 \frac{P_N}{n_N}$$

$$= \frac{1}{3} \times 1.8 \times 9550 \times \frac{3}{2860} \text{ N} \cdot \text{m} = 6.01 \text{ N} \cdot \text{m}$$

因启动的必要条件是 $T_{st} > T_L$,所以它能启动的最大负载转矩 T_{Lmax} 为 6.01 N·m。

(3)因 $n < n_N$,从机械特性上可看出,电动机的负载转矩比额定转矩大。或者说,负载转矩的增大会引起电动机转速的下降。

(4)因电动机的最大转矩 $T_{max} = 2.2 T_N$,若负载转矩 $T_L > 2.2 T_N$,即 $T_{max} < T_L$,则电动机带不动负载而导致停转,即处于堵转状态,此时电流会剧增。

例 4.8 一台 Y280S-4 型三相异步电动机的 $P_N = 75 \text{ kW}, n_N = 1480 \text{ r/min}, T_{st}/T_N = 1.9$,电动机由额定容量为 320 kV·A、输出电压为 380 V 的三相电力变压器单独供电,电动机所带负载转矩 T_L 为 200 N·m。试问:

(1)电动机能否直接启动?　　(2)电动机能否采用 Y-△降压启动?

(3)若采用 40%、60%、80% 三个抽头的启动补偿器进行降压启动,应选用哪个抽头?

解 (1)电动机额定功率与供电变压器额定容量的比值为

$$\frac{75}{320} = 0.234 > 20\%$$

由教材中的表 4.1 可知,不能直接启动。

(2)电动机的额定转矩 T_N 和启动转矩 T_{st} 分别为

$$T_N = 9550 \frac{P_N}{n_N} = 9550 \times \frac{75}{1480} \text{ N}\cdot\text{m} = 484 \text{ N}\cdot\text{m}$$

$$T_{st} = 1.9 T_N = 1.9 \times 484 \text{ N}\cdot\text{m} = 920 \text{ N}\cdot\text{m}$$

若采用 Y-△降压启动,则启动转矩为

$$T_{stY} = \frac{1}{3} T_{st} = \frac{1}{3} \times 920 \text{ N}\cdot\text{m} = 307 \text{ N}\cdot\text{m} > T_L$$

故可以采用 Y-△降压启动。

(3) 因 $T_{st} \propto U^2$,故采用 40%、60%、80% 三个抽头降压启动时,启动转矩分别为

$$T_{st1} = 0.4^2 \times 920 \text{ N}\cdot\text{m} = 147.2 \text{ N}\cdot\text{m} < 200 \text{ N}\cdot\text{m}$$

$$T_{st2} = 0.6^2 \times 920 \text{ N}\cdot\text{m} = 331.2 \text{ N}\cdot\text{m} > 200 \text{ N}\cdot\text{m}$$

$$T_{st3} = 0.8^2 \times 920 \text{ N}\cdot\text{m} = 588.8 \text{ N}\cdot\text{m} > 200 \text{ N}\cdot\text{m}$$

可见,用启动补偿器 40% 的抽头进行启动,启动转矩小于负载转矩,不能启动,故不能采用;用 60% 和 80% 抽头时启动转矩都大于负载转矩,都可以启动,但 80% 抽头的启动电流大,不宜采用。因此应采用 60% 的抽头进行降压启动。

例 4.9 一台 JZR63-10 型绕线转子异步电动机的铭牌数据如表(例 4.9)所示。已知实际负载转矩 $T_L = 0.8 T_N$,设转子串电阻三级启动,试计算启动电阻。

表(例 4.9)

型号	P_N/kW	U_N/V	I_N/A	连接方法	n_N/(r/min)	E_{2N}/V	I_{2N}/A	λ_m
JZR63-10	60	220/380	230/133	△/Y	577	253	160	2.9

解 在教材 4.4.2 节中介绍了逐级切除启动电阻的方法,如教材中的图 4.34 所示。

通常把转子启动电阻分几段切除,称为分级启动,上述就是一个三级的启动过程。与他励直流电动机逐级切除启动电阻一样,级数的多少要从技术、经济方面综合考虑。级数多,则平均启动转矩大,启动时间短,但启动设备复杂些,可靠性也就差些,一般采用三级或四级。T_A 称为最大启动转矩,T_B 称为切换转矩,一般取 $T_A = (1.5 \sim 2.0) T_L \leq 0.85 T_{max}$,$T_B = (1.1 \sim 1.2) T_L$,以保证启动过程中有足够的加速转矩。

启动电阻除可以采用三相对称的切除法外,还可以采用不对称的切除法,后者每次只短接三相中一相或两相的一般电阻,这样可以减少电阻段数和短接电阻的触点数目。不过它会产生三相电流不平衡等问题,所以,一般仅在中小型电动机才采用。

启动电阻的切除方法有手动操作"启动变阻器"或"鼓形控制器"的方法,也有用继电器-接触器自动控制的方法。

由于启动过程都是在机械特性的工作部分($S = 0 \sim S_m$)上进行,这部分可近似为直线,因此,转子启动电阻可用图解法和解析法来计算,但图解法较麻烦,下面仅介绍解析法。

根据式(例 4.6-2),当 n = 常数(即 S = 常数)时,有

第4章 交流电动机的工作原理及特性

$$T = \frac{2T_{\max}}{S_m}S \propto \frac{1}{S_m}$$

而由式(4.1.3)知,$S_m \propto R_2^*$(注意:这里的 R_2^* 是指任何情况下转子电路的全电阻,以区别于教材中的图 4.34 中的 R_2),故在一定转速下,电磁转矩的大小与转子电阻的大小成反比,即

$$T \propto 1/R_2^* \tag{例 4.9-1}$$

这就是解析法计算启动电阻的依据,据此,在教材中的图 4.34 中,对应于点 6 和点 7、点 4 和点 5、点 2 和点 3,就有

$$\frac{T_A}{T_B} = \frac{r_2 + R_{st1}}{r_2} = \frac{r_2 + R_{st1} + R_{st2}}{r_2 + R_{st1}} = \frac{r_2 + R_{st1} + R_{st2} + R_{st3}}{r_2 + R_{st1} + R_{st2}} = \frac{R_1}{r_2} = \frac{R_2}{R_1} = \frac{R_3}{R_2}$$

如果启动分 m 级进行,则相应有

$$\frac{R_m}{R_{m-1}} = \frac{R_{m-1}}{R_{m-2}} = \cdots = \frac{R_2}{R_1} = \frac{R_1}{r_2} = \frac{T_A}{T_B} \tag{例 4.9-2}$$

令 $T_A/T_B = \beta$,则由上式可得各级的总电阻为

$$\begin{cases} R_1 = \beta r_2 \\ R_2 = \beta^2 r_2 \\ \vdots \\ R_m = \beta^m r_2 \end{cases} \tag{例 4.9-3}$$

故各段的电阻应为

$$\begin{cases} R_{st1} = R_1 - r_2 \\ R_{st2} = R_2 - R_1 \\ \vdots \\ R_{stm} = R_m - R_{m-1} \end{cases} \tag{例 4.9-4}$$

从教材中的图 4.34 很易看出,在 T_A、T_B 中的任一个先确定后,另一个的大小是与启动级数 m 直接有关的,如先确定 T_A 之值,则 T_B 越大,级数就越多,这就是说另一个是不能随便选定的,即式(例 4.9-3)中的 β 是不能用 $\beta = T_A/T_B$ 来计算的。在生产实际中往往是先确定启动级数 m(即启动电阻的段数),选好 T_A、T_B 中的任一个,再计算出 β 值。由式(例 4.9-3)知

$$\beta = \sqrt[m]{\frac{R_m}{r_2}}$$

如果先确定 T_A,则转子每相电路的电流为

$$I_2 = \frac{SE_{20}}{\sqrt{R_2^{*2} + (SX_{20})^2}}$$

启动时,$S=1$,且 $R_2^* = R_m$ 比正常运行时的 r_2 要大得多,这时可认为 $R_2^* = R_m \gg X_{20}$,因此,$I_{2st} \approx \frac{E_{20}}{R_2^*} = \frac{E_{20}}{R_m}$,可得 $R_m = \frac{E_{20}}{I_{2st}}$。

额定运行时,$S_N = 0.015 \sim 0.06$,很小,可认为转子绕组电阻 $r_2 = R_2^* \gg SX_{20}$,因此,$I_{2N} \approx$

$$\frac{S_N E_{20}}{R_2^*} = \frac{S_N E_{20}}{r_2}, \text{可得 } r_2 = \frac{S_N E_{20}}{I_{2N}}。\text{于是有}$$

$$\beta = \sqrt[m]{\frac{R_m}{r_2}} = \sqrt[m]{\frac{E_{20}}{I_{2st}} \bigg/ \frac{S_N E_{20}}{I_{2N}}} = \sqrt[m]{\frac{I_{2N}}{I_{2st} S_N}} = \sqrt[m]{\frac{T_N}{T_{st} S_N}} = \sqrt[m]{\frac{T_N}{T_A S_N}} \quad (\text{例 4.9-5})$$

如果先确定 T_B，则同样可推得

$$\beta = \sqrt[m+1]{\frac{T_N}{T_B S_N}} \quad (\text{例 4.9-6})$$

综上所述，可得启动电阻的计算步骤及其具体计算过程。

(1) 启动电阻的计算步骤如下：

① 确定启动电阻级数 m。

② 确定 T_A 或 T_B。若启动过程要求愈快愈好，则先确定 T_A，使 T_A 尽可能大些；若启动过程不要求太快，则先确定 T_B。

③ 按式(例 4.9-5)或式(例 4.9-6)算出 β。

④ 校验 T_B 或 T_A。若先选定 T_A 则校验 T_B，要保证 $T_B = T_A/\beta \geq 1.1 T_L$；若先选定 T_B 则校验 T_A，要保证 $T_A = \beta T_B \leq 0.85 T_{max}$。否则要重选 T_A 或 T_B，或修改启动电阻的级数 m，重新进行计算，直到满足要求为止。

⑤ 按式(例 4.9-3)算出转子各级的总电阻。

⑥ 按式(例 4.9-4)算出转子各段电阻。

(2) 具体计算过程如下：

① 令启动级数 $m = 3$。

② 先选定 $T_B = 1.1 T_N$。

③ 由式(例 4.9-6)可计算出 β。

$$n_0 = \frac{60 f}{p} = \frac{60 \times 50}{5} \text{ r/min} = 600 \text{ r/min}$$

$$S_N = \frac{n_0 - n_N}{n_0} = \frac{600 - 577}{600} = 0.0383$$

$$\beta = \sqrt[m+1]{\frac{T_N}{S_N T_B}} = \sqrt[4]{\frac{T_N}{0.0383 \times 1.1 T_N}} = 2.2$$

④ 校验。由 $T_A = \beta T_B$，令 $T_A = \lambda T_N$，故

$$\lambda T_N = \beta T_B = \beta \times 1.1 T_N$$

则

$$\lambda = \frac{\beta \times 1.1 T_N}{T_N} = 2.2 \times 1.1 = 2.42 < 0.85 \lambda_m = 2.465$$

即

$$T_A < 0.85 T_{max}$$

所以符合要求。

⑤ 式(例 4.9-3)中的转子每相内电阻为

$$r_2 = \frac{E_{201}S_N}{\sqrt{3}I_{2N}} = \frac{253 \times 0.0383}{\sqrt{3} \times 160}\ \Omega = 0.035\ \Omega$$

其中,E_{201}为转子额定电动势(V),实为 $S=1$ 时,转子的开路线电压;I_{2N} 为转子额定电流(A),即电动机额定运行时的转子电流。因此

$$R_1 = \beta r_2 = 2.2 \times 0.035\ \Omega = 0.077\ \Omega$$
$$R_2 = \beta^2 r_2 = 2.2^2 \times 0.035\ \Omega = 0.169\ \Omega$$
$$R_3 = \beta^3 r_2 = 2.2^3 \times 0.035\ \Omega = 0.373\ \Omega$$

由式(例 4.9-4)计算转子各段电阻为

$$R_{st1} = R_1 - r_2 = (0.077 - 0.035)\ \Omega = 0.042\ \Omega$$
$$R_{st2} = R_2 - R_1 = (0.169 - 0.077)\ \Omega = 0.092\ \Omega$$
$$R_{st3} = R_3 - R_2 = (0.373 - 0.169)\ \Omega = 0.204\ \Omega$$

从教材中的图 4.34(b)可看出,各段启动电阻的切除必须在切换转矩 T_B 所对应的点 2、点 4、点 6 进行,否则就不能按预定的设计要求进行启动,也就是说,切换时间要准确。在实际控制线路中,各段启动电阻的切除可以按电流原则或时间原则进行控制。

例 4.10 一台 JZR-63-10 型三相绕线转子异步电动机的额定功率 $P_N = 60$ kW,额定转速 $n_N = 577$ r/min,转子滑环间的开路线电压 $E_{201} = 253$ V,转子每相绕组的电阻 $R_2 = 0.0344\ \Omega$,转子不动时转子每相绕组的漏磁感抗 $X_{20} = 0.163\ \Omega$。电动机带额定负载工作。试求:

(1)电动机直接启动时的 E_2、I_2、$\cos\varphi_2$;
(2)电动机运行在额定转速 n_N 时的 E_2、I_2、$\cos\varphi_2$;
(3)电动机运行在 $n = 528$ r/min 时的 E_2、转子电路每相应串接的电阻 R_{21} 及 $\cos\varphi_2$;
(4)电动机运行在 $n = 473$ r/min 时的 E_2、转子电路每相应串接的电阻 R_{22} 及 $\cos\varphi_2$;
(5)电动机运行在 $n = 210$ r/min 时的 E_2、转子电路每相应串接的电阻 R_{23} 及 $\cos\varphi_2$。

解 (1)直接启动时,因 $n=0$,$S=1$,转子电路每相的电动势为

$$E_{20} = \frac{E_{201}}{\sqrt{3}} = \frac{253}{\sqrt{3}}\ V = 146\ V$$

转子电路每相的启动电流为

$$I_{2st} = \frac{E_{20}}{\sqrt{R_2^2 + X_{20}^2}} = \frac{146}{\sqrt{(0.0344)^2 + (0.163)^2}}\ A = 876.4\ A$$

转子电路功率因数为

$$\cos\varphi_2 = \frac{R_2}{\sqrt{R_2^2 + X_{20}^2}} = \frac{0.0344}{\sqrt{(0.0344)^2 + (0.163)^2}} = 0.206$$

(2) $n = n_N = 577$ r/min 时,有

$$S_N = \frac{n_0 - n_N}{n_0} = \frac{600 - 577}{600} = 0.0383$$

$$E_{2N} = S_N E_{20} = 0.0383 \times 146 \text{ V} = 5.6 \text{ V}$$

$$X_{2N} = S_N X_{20} = 0.0383 \times 0.163 \text{ }\Omega = 0.006243 \text{ }\Omega$$

$$I_{2N} = \frac{E_{2N}}{\sqrt{R_2^2 + X_{2N}^2}} = \frac{5.6}{\sqrt{(0.0344)^2 + (0.006243)^2}} \text{ A} = 160 \text{ A}$$

$$\cos\varphi_{2N} = \frac{R_2}{\sqrt{R_2^2 + X_{2N}^2}} = \frac{0.0344}{\sqrt{(0.0344)^2 + (0.006243)^2}} = 0.983928$$

(3) $n = 528$ r/min 时,有

$$S = \frac{n_0 - n}{n_0} = \frac{600 - 528}{600} = 0.12$$

$$E_2 = S E_{20} = 0.12 \times 146 \text{ V} = 17.5 \text{ V}$$

$$X_2 = S X_{20} = 0.12 \times 0.163 \text{ }\Omega = 0.01956 \text{ }\Omega$$

因在额定负载下运行,即电动机的转矩 T 不变,且 $I_2 \propto T$,故 $I_2 = I_{2N} = 160$ A 不变。而

$$I_2 = \frac{E_2}{\sqrt{R_{2\Sigma}^2 + X_2^2}} = \frac{E_2}{\sqrt{(R_2 + R_{21})^2 + X_2^2}}$$

故

$$R_{21} = \sqrt{\left(\frac{E_2}{I_{2N}}\right)^2 - X_2^2} - R_2 = \left[\sqrt{\left(\frac{17.5}{160}\right)^2 - 0.01956^2} - 0.0344\right] \Omega$$

$$= 0.073211 \text{ }\Omega$$

$$\cos\varphi_2 = \frac{R_{2\Sigma}}{\sqrt{R_{2\Sigma}^2 + X_2^2}} = \frac{R_{21} + R_2}{\sqrt{(R_{21} + R_2)^2 + X_2^2}}$$

$$= \frac{0.073211 + 0.0344}{\sqrt{(0.073211 + 0.0344)^2 + 0.01956^2}} = 0.983872$$

(4) $n = 473$ r/min 时,有

$$S = \frac{n_0 - n}{n_0} = \frac{600 - 473}{600} = 0.212$$

$$E_2 = S E_{20} = 0.212 \times 146 \text{ V} = 30.95 \text{ V}$$

$$X_2 = S X_{20} = 0.212 \times 0.163 \text{ }\Omega = 0.0346 \text{ }\Omega$$

$$R_{22} = \sqrt{\left(\frac{E_2}{I_{2N}}\right)^2 - X_2^2} - R_2 = \left[\sqrt{\left(\frac{30.95}{160}\right)^2 - 0.0346^2} - 0.0344\right] \Omega$$

$$= 0.155918 \text{ }\Omega$$

$$\cos\varphi_2 = \frac{R_{2\Sigma}}{\sqrt{R_{2\Sigma}^2 + X_2^2}} = \frac{R_{22} + R_2}{\sqrt{(R_{22} + R_2)^2 + X_2^2}}$$

$$= \frac{0.155918 + 0.0344}{\sqrt{(0.155918 + 0.0344)^2 + 0.0346^2}} = 0.983873$$

(5) $n = 210$ r/min 时,有

$$S = \frac{n_0 - n}{n_0} = \frac{600 - 210}{600} = 0.65$$

$$E_2 = SE_{20} = 0.65 \times 146 \text{ V} = 94.9 \text{ V}$$

$$X_2 = SX_{20} = 0.65 \times 0.163 \ \Omega = 0.10595 \ \Omega$$

$$R_{23} = \sqrt{\left(\frac{E_2}{I_{2N}}\right)^2 - X_2^2} - R_2 = \left[\sqrt{\left(\frac{94.9}{160}\right)^2 - 0.10595^2} - 0.0344\right] \Omega$$

$$= 0.549185 \ \Omega$$

$$\cos\varphi_2 = \frac{R_{2\Sigma}}{\sqrt{R_{2\Sigma}^2 + X_2^2}} = \frac{R_{23} + R_2}{\sqrt{(R_{23} + R_2)^2 + X_2^2}}$$

$$= \frac{0.549185 + 0.0344}{\sqrt{(0.549185 + 0.0344)^2 + 0.10595^2}} = 0.983916$$

从以上分析计算可以看出,该三相绕线转子异步电动机有如下特点:

①从(1)、(2)知,直接启动时转子电流与转子额定电流之比为

$$\frac{I_{2st}}{I_{2N}} = \frac{876.4}{160} = 5.48$$

②从(3)至(5)知,在同一负载下进行调速时,转子电路所串电阻愈大,转子转速愈低,而转子电路功率因数 $\cos\varphi_2$ 基本不变。

例 4.11 某起重机吊钩由一台绕线转子三相异步电动机拖动,电动机的 $P_N = 40$ kW, $n_N = 1464$ r/min, $\lambda_m = 2.2$, $r_2 = 0.06 \ \Omega$。电动机的负载转矩 T_L 的情况是:提升重物时 $T_L = T_1 = 261$ N·m,下放重物时 $T_L = T_2 = 208$ N·m。

(1)提升重物要求有低速、高速两挡,且高速时转速 n_A 为电动机工作在固有特性上的转速,低速时转速 $n_B = 0.25 n_A$,电动机工作于转子回路串接电阻的特性上。求电动机两挡转速及转子回路应串入的电阻值。

(2)下放重物要求有低速、高速两挡,且高速时转速 n_C 为电动机工作在负(逆)相序电源供电的固有机械特性上的转速,低速时转速 $n_D = -n_B$,电动机仍然工作于转子回路串电阻的特性上。求电动机两挡转速及转子回路应串入的电阻值,说明电动机运行在哪种状态。

解 首先根据题意画出该电动机运行时相应的机械特性,如图(例 4.11)所示。点 A、B 是提升重物时的两个工作点,点 C、D 是下放重物时的两个工作点。然后计算固有机械特性的有关数据。

额定转差率为

$$S_N = \frac{n_0 - n_N}{n_0} = \frac{1500 - 1464}{1500} = 0.024$$

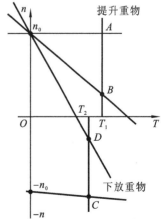

图(例 4.11) 电动机的机械特性

固有机械特性的临界转差率为
$$S_m = S_N(\lambda_m + \sqrt{\lambda_m^2 - 1}) = 0.024 \times (2.2 + \sqrt{2.2^2 - 1}) = 0.1$$

额定转矩为
$$T_N = 9550 \frac{P_N}{n_N} = 9550 \times \frac{40}{1464} \text{ N·m} = 261 \text{ N·m}$$

(1) 提升重物时电动机两挡转速及转子回路串入电阻的计算。

① 转速的计算。提升重物时负载转矩为
$$T_1 = 261 \text{ N·m} = T_N$$

故高速为
$$n_A = n_N = 1464 \text{ r/min}$$

低速为
$$n_B = 0.25 n_A = 0.25 \times 1464 \text{ r/min} = 366 \text{ r/min}$$

② 转子回路串接电阻的计算。高速时运行在固有机械特性上,转子回路不需要串接电阻,低速时转子每相串接电阻 R_B。

低速时点 B 的转差率为
$$S_B = \frac{n_0 - n_B}{n_0} = \frac{1500 - 366}{1500} = 0.756$$

过点 B 的机械特性的临界转差率为
$$S_{mB} = S_B(\lambda_m + \sqrt{\lambda_m^2 - 1}) = 0.756 \times (2.2 + \sqrt{2.2^2 - 1}) = 3.145$$

因 $S_m \propto R_2^*$,则 $\frac{S_m}{S_{mB}} = \frac{r_2}{r_2 + R_B}$,故低速时每相串接的电阻为
$$R_B = \left(\frac{S_{mB}}{S_m} - 1\right) r_2 = \left(\frac{3.145}{0.1} - 1\right) \times 0.06 \text{ Ω} = 1.827 \text{ Ω}$$

下面再介绍三相绕线转子异步电动机在忽略空载转矩、拖动恒转矩负载运行时,转子回路串接三相对称电阻的计算方法和依据。

由式(例 4.6-1)和 $\lambda_m = T_{max}/T_N$ 得
$$T = \frac{2\lambda_m T_N}{S/S_m + S_m/S}$$

即
$$S_m^2 - 2\frac{\lambda_m T_N}{T} S S_m + S^2 = 0$$

解得
$$S_m = S\left[\frac{\lambda_m T_N}{T} + \sqrt{\left(\frac{\lambda_m T_N}{T}\right)^2 - 1}\right]$$

若 $T = T_L =$ 常数,则
$$\frac{\lambda_m T_N}{T_L} + \sqrt{\left(\frac{\lambda_m T_N}{T_L}\right)^2 - 1} = 常数$$

故
$$S_m \propto S$$

这个结果说明,拖动恒转矩负载,电动机电磁转矩恒定不变(T_0 忽略),绕线转子三相异步电动机转子每相串接电阻 R 后,存在着下列关系:

利用这一结果进行转子回路串入电阻的定量计算是很方便的。

(2) 下放重物时电动机两挡转速及转子回路串入电阻的计算。

下放重物时负载转矩为

$$T_2 = 208 \text{ N} \cdot \text{m} = 0.8 T_N$$

负载转矩为 $0.8T_N$ 在固有机械特性上运行时,有

$$0.8 T_N = 2\lambda_m T_N \bigg/ \left(\frac{S}{S_m} + \frac{S_m}{S}\right)$$

即

$$0.8 = 2 \times 2.2 \bigg/ \left(\frac{S}{0.1} + \frac{0.1}{S}\right)$$

则有

$$0.8 S^2 - 4.4 \times 0.1 S + 0.8 \times 0.1^2 = 0$$

解得

$$S = 0.0188 \quad (\text{另一解不合理,舍去})$$

相应转速降为

$$\Delta n = S n_0 = 0.0188 \times 1500 \text{ r/min} = 28 \text{ r/min}$$

负相序电源供电、高速下放重物时电动机运行于反向反馈制动运行状态,其转速为

$$n_C = -n_0 - \Delta n = (-1500 - 28) \text{ r/min} = -1528 \text{ r/min}$$

低速下放重物时电动机运行于倒拉反转状态。低速下放转速为

$$n_D = -n_B = -366 \text{ r/min}$$

相应转差率为

$$S_D = \frac{n_0 - n_D}{n_0} = \frac{1500 - (-366)}{1500} = 1.244$$

过点 D 的机械特性的临界转差率为

$$S_{mD} = S_D \left[\frac{\lambda_m T_N}{T_2} + \sqrt{\left(\frac{\lambda_m T_N}{T_2}\right)^2 - 1}\right] = 1.244 \times \left[\frac{2.2}{0.8} + \sqrt{\left(\frac{2.2}{0.8}\right)^2 - 1}\right] = 6.608$$

低速下放重物时转子每相串接的电阻为 R_D,则

$$\frac{S_{mD}}{S_m} = \frac{r_2 + R_D}{r_2}$$

即

$$R_D = \left(\frac{S_{mD}}{S_m} - 1\right) r_2 = \left(\frac{6.608}{0.1} - 1\right) \times 0.06 \text{ Ω} = 3.905 \text{ Ω}$$

例 4.12 一台绕线转子异步电动机主要铭牌数据如下:$P_N = 60$ kW,$U_N = 380$ V,$I_N = 133$ A,$n_N = 577$ r/min,$I_{2N} = 166$ A,$E_{20} = 253$ V,$\lambda_m = 2.9$。电动机原在固有特性上额定工作点进行,现需进行电源反接制动,制动转矩限制在 $0.85 T_{max}$,计算转子外串制动电阻值。

解 如图(例 4.12)所示,电动机进入第二象限的制动特性的点 b 时,虽然电动机转速仍为额定转速,但是由于同步转速反向,转差率的零点转向 $-n_0$ 处,因此,原来的 S_a 到点 b 时成为

$$S_b = 2 - S_a = 2 - S_N = 2 - \frac{n_0 - n_N}{n_0} = 2 - \frac{600 - 577}{600} = 2 - 0.0383 = 1.96$$

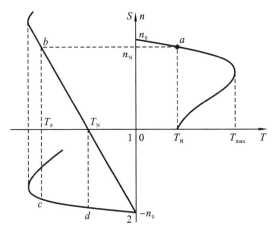

图(例 4.12)

把机械特性曲线近似看成直线,则在同一 T_b 之下,有

$$\frac{S_b}{S_c} = \frac{r_2 + R_b}{r_2}$$

式中,R_b 为外串接制动电阻。在线性化的反向固有特性上可得

$$S_c = \frac{0.85 T_{\max}}{T_N} S_N = \frac{0.85 \lambda_m T_N}{T_N} S_N = 0.85 \lambda_m S_N$$

$$= 0.85 \times 2.9 \times \frac{600 - 577}{600} = 0.0945$$

转子绕组本身的电阻 r_2 按下式计算:

$$r_2 = \frac{E_{2N}}{I_{2N}} = \frac{S_N E_{201}}{\sqrt{3} I_{2N}} = \frac{0.0383 \times 253}{\sqrt{3} \times 166} \, \Omega = 0.0337 \, \Omega$$

故转子回路应串的电阻为

$$R_b = \left(\frac{S_b}{S_c} - 1\right) r_2 = \left(\frac{1.97}{0.0945} - 1\right) \times 0.0337 \, \Omega = 0.669 \, \Omega$$

4.3 学习自评

4.3.1 自测练习

4.1 一台三相异步电动机的 $n_N = 1470$ r/min,电源频率为 50 Hz。设在额定负载下运行,试求:

(1)定子旋转磁场相对于定子的转速; (2)定子旋转磁场相对于转子的转速;

(3)转子旋转磁场相对于转子的转速； (4)转子旋转磁场相对于定子的转速；
(5)转子旋转磁场相对于定子旋转磁场的转速。
(提示：三相异步电动机中的旋转磁场是由定子电流和转子电流共同产生的。)

4.2 三相异步电动机带动一定的负载运行时，若电源电压降低了，此时电动机的转矩、电流及转速有无变化？如何变化？（提示：注意带动一定的负载运行这个条件。）

4.3 一台三相异步电动机的主要铭牌数据为：额定功率 $P_N=10$ kW，额定电压 $U_N=220/380$ V，额定频率 $f_N=50$ Hz，额定电流 $I_N=34.1/19.7$ A，定子绕组接法为△/Y，额定转速 $n_N=2934$ r/min。额定运行时的损耗如下：定子铜耗 $\Delta P_{Cu1}=347$ W，转子铜耗 $\Delta P_{Cu2}=244$ W，铁芯损耗 ΔP_{Fe}，机械损耗 $\Delta P_m=370$ W。试求：
(1)输入功率 P_1； (2)功率因数 $\cos\varphi$； (3)电磁功率 P_e；
(4)电磁转矩 T； (5)输出转矩 P_2； (6)效率 η。

4.4 一台三相异步电动机的铭牌数据如表（题 4.4）所示。

表（题 4.4）

型号	P_N/kW	U_N/V	满载时				$\dfrac{I_{st}}{I_N}$	$\dfrac{T_{st}}{T_N}$	$\dfrac{T_{max}}{T_N}$
			n_N/(r/min)	I_N/A	η_N/%	$\cos\varphi_N$			
Y132S-6	3	220/380	960	12.8/7.2	83	0.75	6.5	2.0	2.2

(1)电源线电压为 380 V 时，三相定子绕组应如何接法？
(2)求 n_0，p，S_N，T_N，T_{st}，T_{max} 和 I_{st}。
(3)额定负载时电动机的输入功率 $P_入$ 和视在功率 P_S 是多少？
(提示：注意铭牌数据中△接法与 Y 接法之区别。)

4.5 一台三相异步电动机的额定功率 $P_N=70$ kW，额定电压 $U_N=220/380$ V，额定转速 $n_N=725$ r/min，过载能力系数 $\lambda_m=2.4$。试计算它的转子不串电阻时的转矩（机械）特性。

4.6 三相异步电动机一根电源线断电后为什么不能启动？而在运行时一根电源线断电后为什么仍能继续转动？这两种情况对电动机将产生什么影响？（提示：三相异步电动机一根电源线断电后相当于一台单相异步电动机。）

4.7 三相异步电动机在相同电源电压下，满载和空载启动时，启动电流是否相同？启动转矩是否相同？

4.8 一台三相异步电动机的铭牌数据如表（题 4.8）所示。

表（题 4.8）

P_N/kW	n_N/(r/min)	U_N/V	η_N/%	$\cos\varphi_N$	$\dfrac{I_{st}}{I_N}$	$\dfrac{T_{st}}{T_N}$	$\dfrac{T_{max}}{T_N}$	接法
40	1470	380	90	0.9	6.5	1.2	2.0	△

(1)当负载转矩为 250 N·m 时，在 $U=U_N$ 和 $U'=0.8U_N$ 两种情况下电动机能否启动？

(2) 欲采用 Y-△降压启动,在负载转矩为 $0.45T_N$ 和 $0.35T_N$ 两种情况下电动机能否启动?

(3) 若采用自耦变压器降压启动,设降压比为 0.64,求电源线路中通过的启动电流和电动机的启动转矩。

(提示:欲启动电动机,其启动转矩必须大于负载转矩。)

4.9 绕线转子异步电动机采用转子串电阻启动时,所串电阻愈大,启动转矩是否也愈大?

4.10 某生产机械用绕线转子异步电动机拖动,该电动机的主要铭牌数据为 $P_N=40$ kW,$n_N=1460$ r/min,$E_{20}=420$ V,$I_{2N}=61.5$ A,$\lambda_m=2.6$。启动时负载转矩 $T_L=0.75T_N$,采用转子回路串电阻三级启动,试计算其启动电阻。

4.11 异步电动机有哪几种调速方法?各种调速方法有何优缺点?

4.12 一台三相异步电动机拖动起重机主钩,该电动机的铭牌数据为 $P_N=20$ kW,$U_N=380$ V,Y 连接,$n_N=960$ r/min,$\lambda_m=2$,$E_{20}=208$ V,$I_{2N}=76$ A,若升降某重物 $T_L=0.72T_N$,忽略 T_0,试计算:

(1) 在固有机械特性上运行时转子转速;

(2) 转子回路每相串接 $R_a=0.88$ Ω 时转子的转速;

(3) 转速为 430 r/min 时转子回路每相串接的电阻 R_b 的大小。

4.13 用一台三相绕线转子异步电动机拖动位能型负载,已知电动机的铭牌数据为 $P_N=60$ kW,$n_N=577$ r/min,$I_N=133$ A,$E_{20}=253$ V,$I_{2N}=160$ A,$\lambda_m=2.5$。

(1) 电动机以转速 $n=120$ r/min 下放重物,已知负载转矩 $T_L=0.7T_N$,计算电动机转子回路每相应串接多大的电阻?

(2) 电动机从额定转速的电动状态采用电源反接进行反接制动,以实现快速停车,要求开始制动时的制动转矩 $T_b=1.8T_N$,转子每相应串接多大的电阻?

4.14 什么叫恒功率调速?什么叫恒转矩调速?

4.15 如教材中的图 4.51 所示,为什么改变开关 QB 的接通方向即可改变单相异步电动机的旋转方向?

4.16 是否可用调换电源的两根线端的方法来使单相罩极式异步电动机反转?为什么?

4.17 一般同步电动机为什么要采用异步启动法?

4.3.2 自测练习参考答案

4.1 (1)$n_1=1500$ r/min; (2)$n_2=30$ r/min; (3)$n_3=30$ r/min;
(4)$n_4=1500$ r/min; (5)$n_5=0$。

4.2 电动机的转矩不变、电流增大、转速下降。

4.3 (1)$P_1=11.2$ kW; (2)$\cos\varphi=0.86$; (3)$P_e=10.6$ kW;
(4)$T=33.8$ N·m; (5)$T_2=32.6$ N·m; (6)$\eta=89.2\%$。

4.4 (1) Y(星形)接法。
   (2) $n_0=1000$ r/min, $p=3$, $S_N=0.04$, $T_N=29.8$ N·m
   $T_{st}=59.68$ N·m, $T_{max}=65.56$ N·m, $I_{st}=46.8$ A
   (3) $P_入=3.614$ kW, $P_S=4.74$ kV·A

4.5 $T = 2\times 2212.9 \Big/ \left(\dfrac{S}{0.15}+\dfrac{0.15}{S}\right)$

4.6、4.7 （略）

4.8 (1) $U=U_N$ 时，电动机能启动；$U'=0.8U_N$ 时，电动机不能启动。
   (2) $T_L=0.45T_N$ 时，电动机不能启动；$T_L=0.35T_N$ 时，电动机能启动。
   (3) 电源线路中通过的启动电流为 199.68 A；电动机的启动转矩为 127.8 N·m。

4.9 （略）

4.10 $R_{st1}=0.165$ Ω, $R_{st2}=0.424$ Ω, $R_{st3}=1.083$ Ω。

4.11 （略）

4.12 (1) $n=972.2$ r/min； (2) $n_A=585.1$ r/min； (3) $R_b=3.1877$ Ω。

4.13 (1) $R_{b1}=1.57$ Ω； (2) $R_{b2}=0.847$ Ω。

4.14~4.17 （略）

4.4 关于教学方面的建议

(1) 交流电动机的结构和工作原理最好采用现场教学或采用多媒体教学。

(2) 定子旋转磁场的产生主要讲清分析思路，不需讲得过细过全，产生的全过程可以让学生自学；特殊笼型异步电动机只需提及它们的特点，也可让学生自学。

第 5 章

控制电动机

5.1 知识要点

5.1.1 基本内容

1. 控制电动机的主要特点

控制电动机与普通电动机的基本结构和基本工作原理大体相同,但它的主要作用不是进行能量转换,而是用来完成信息的传递和变换。对它的基本要求是:具有良好的可控性,即易于控制和调节;具有快速的响应性能,即要有较大的启动转矩和较小的转动惯量;精确度要高,误差要小;等等。

2. 步进电动机

步进电动机与一般电动机的结构相似,它由定子和转子两大部分组成,是一种将电脉冲信号转换为角位移或直线运动的执行部件。定子上装有一定相数的励磁绕组、转子本身没有励磁绕组的称为"反应式步进电动机",用永久磁铁做转子的称为"永磁式步进电动机"。

1)步进电动机的工作原理、步距角及转速

步进电动机的工作原理就是电磁铁的工作原理,每当定子绕组接收一个电脉冲时,它便转过一个固定的角度,这个角度即称为步距角。

因为每通电一次,即运行一拍,转子就走一步,故步距角为

$$\beta = \frac{360°}{Kmz}$$

式中:K 为通电系数,当相数等于拍数时 $K=1$,否则 $K=2$;m 为电动机定子的相数;z 为电动机转子的齿数。

当定子的相数 m 和转子的齿数 z 一定(即电动机结构一定)时,步进电动机的转速取决于输入电脉冲的频率和通电方式,即

$$n = \frac{60f}{Kmz} \quad (\text{r/min})$$

式中，f 为电脉冲的频率。

2) 步进电动机的主要性能指标

(1) 步距角 β；

(2) 最大静转矩 T_{smax}；

(3) 空载启动频率 f_{ost}；

(4) 精度 $\Delta\beta$。

3) 步进电动机传动控制系统的主要特点

(1) 它的步数和转速与输入脉冲频率之间有严格的正比关系，不会因电压的波动、负载的增减以及温度等外部环境的变化而变化。

(2) 积累误差等于零，故其控制精度高。

(3) 控制性能好，在一定的频率范围内能按输入脉冲信号的要求迅速启动、反转和停止，且能在较宽的范围内通过改变脉冲频率来调速。故步进电动机拖动控制系统不用反馈也能实现高精度的角度和转速控制，这就简化了系统、降低了成本，所以，它特别适用于开环数控系统。

(4) 电脉冲的频率不能过高，否则影响步进电动机的启动和正常运行。

(5) 步进电动机不宜带转动惯量很大的负载，否则也将影响它的启动和正常运行。

(6) 步进电动机工作必须采用专用的驱动电源供电，驱动电源的优劣对系统运行的影响极大。

3. 直流伺服电动机

直流伺服电动机是一种小型直流电动机，它能将直流信号电压转换成转轴上的角位移或角速度，以完成一定的控制任务。其控制方式有电枢控制和磁极控制两种，前者应用较广。直流伺服电动机启动转矩大，特性较硬且线性度好，调节范围广，体积小，效率高，因此多用于功率较大的控制系统中。

4. 交流伺服电动机

交流伺服电动机是一种小型或微型的两相异步电动机，其工作原理与电容分相式单相异步电动机相同。为满足伺服电动机的控制要求，必须设法消除伺服电动机的"自转"现象，因此，要求其转子电阻值 r_2 设计得很大，使电动机在失去控制信号而单相运行时，正转矩或负转矩的最大值均出现在 $S_m > 1$ 的地方。交流伺服电动机可有三种转速控制方式：幅值控制、相位控制和幅相控制。其实质都是利用改变正、反向旋转磁势的大小，以改变 T_+ 和 T_- 的大小，借此改变合成转矩的大小，从而达到改变电动机运行速度的目的。交流伺服电动机结构简单，运行可靠，维护简便，转动惯量小，广泛用于功率较小的控制系统中。

5. 力矩电动机

力矩电动机是一种能够长期处于启动（堵转）状态下工作的低转速、大转矩的执行电动机。

直流力矩电动机的工作原理和直流伺服电动机相同,仅在结构上有所区别。直流力矩电动机一般做成扁平形,主要采用永磁式电枢控制方式。由于它反应速度快,特性硬度大且线性度好,精度高,能在堵转和低速下运行,所以特别适用于对速度和位置的控制精度要求很高的系统。它与高精度的检测元件、放大元件和校正环节等组成的闭环控制系统,其稳定运行转速可低达每天转 1/4 转,调速范围可达几万至几十万,位置精度可达到角度的秒级。

6. 直线电动机

直线电动机是一种能直接将电能转换为直线运动的伺服驱动部件。它与普通直流电动机、异步电动机、同步电动机等的工作原理是相同的,只是在结构形式上一般把定子与转子做成初级与次级长度不等的平面,把一方固定不动,而另一方在电磁力的推动下作直线运动,所以,直线电动机的机械特性、调速特性等均与普通电动机相同。在一些作直线运动的场合,如果采用直线电动机作驱动部件,就可简化机构,提高精度,减少振动和噪声,加快过渡过程,改善散热条件,但它的效率和功率因数较低。

5.1.2 基本要求

(1) 掌握步进电动机步距角和转速的数学表达式及物理意义。
(2) 了解机电传动控制系统中一些常用控制电动机的基本结构。
(3) 掌握各种控制电动机的基本工作原理、主要运行特性及特点。
(4) 了解各种控制电动机的应用场合,以便正确选用和使用它们。

5.1.3 重点与难点

1. 重点

常用控制电动机的基本工作原理、运行特性与特点。

2. 难点

(1) 步进电动机的不同结构、不同脉冲分配方式及其运行特性。
(2) 步进电动机步距角的细分原理及作用。
(3) 交流伺服电动机会出现"自转"现象的原因以及消除"自转"现象的原理。

5.2 例题解析

例 5.1 一台三相反应式步进电动机采用三相六拍分配方式,转子有 40 个齿,脉冲源频率为 600 Hz。

(1) 写出一个循环的通电程序; (2) 求步进电动机步距角 β; (3) 求步进电动机转速 n。

解 (1) 正、反转脉冲分配方式如下:

正转 A—AB—B—BC—C—CA 反转 A—AB—B—BC—C—CA

(2)根据 $\beta = \dfrac{360°}{Kmz}$,其中,$K=2,m=3,z=40$,有

$$\beta = 360°/(40\times 2\times 3)=1.5°$$

(3)根据转速 $n = \dfrac{60f}{Kmz}$,其中,$f=600$ Hz,有

$$n = \dfrac{60\times 600}{2\times 3\times 40}\ \text{r/min} = 150\ \text{r/min}$$

例 5.2 一台 70BF6-3 型反应式步进电动机的相数 $m=6$,单六拍运行步距角 β 为 $3°$,单双十二拍运行步距角 β 为 $1.5°$,求转子齿数。

解 根据 $\beta = \dfrac{360°}{Kmz}$ 得单六拍运行时 $K=1$,单双十二拍运行时 $K=2$。

单六拍运行时,有 $\quad z = \dfrac{360°}{\beta Km} = \dfrac{360°}{3°\times 1\times 6} = 20$

单双十二拍运行时,有 $\quad z = \dfrac{360°}{\beta Km} = \dfrac{360°}{1.5°\times 2\times 6} = 20$

即该步进电动机转子齿数为 20。

例 5.3 有一脉冲电源,通过环形分配器将脉冲分配给五相十拍通电的步进电动机定子励磁绕组,测得步进电动机的转速为 100 r/min,已知转子有 24 个齿。求:

(1)步进电动机的步距角;   (2)脉冲电源的频率。

解 (1)根据 $\beta = \dfrac{360°}{Kmz}$,其中,$K=2,z=24,m=5$,步距角为

$$\beta = \dfrac{360°}{2\times 5\times 24} = 1.5°$$

(2)根据 $n = \dfrac{60f}{Kmz}$,其中,$n=100$ r/min,脉冲电源频率为

$$f = \dfrac{Kmzn}{60} = \dfrac{2\times 5\times 24\times 100}{60}\ \text{Hz} = 400\ \text{Hz}$$

例 5.4 一台 BF 系列四相反应式步进电动机的步距角为 $1.8°/0.9°$。

(1)$1.8°/0.9°$ 表示什么意思?   (2)转子齿数为多少?

(3)写出四相八拍运行方式的一个通电顺序。

(4)在 A 相测得电源频率为 400 Hz 时,其转速为多少?

解 (1)根据步进电动机结构的概念可知,$1.8°/0.9°$ 分别表示单四拍运行的步距角和单双八拍运行的步距角,即单四拍 $\beta=1.8°$,单双八拍 $\beta=0.9°$。

(2)根据 $\beta = \dfrac{360°}{Kmz}$,以单四拍为例计算,得

$$z = \frac{360°}{1.8° \times 4 \times 1} = 50$$

(3)四相八拍运行的通电顺序可为

A—AB—B—BC—C—CD—D—DA

(4)根据 $n = \frac{60f}{Kmz}$，当四相八拍运行时，有

$$n = \frac{60f}{Kmz} = \frac{60 \times 400}{4 \times 2 \times 50} \text{ r/min} = 60 \text{ r/min}$$

例 5.5 一台 45SZ01 型电磁式直流伺服电动机的额定转矩 $T_N = 0.0334$ N·m，额定转速 $n_N = 3000$ r/min，额定功率 $P_N = 10$ W，额定电枢电压 $U_{aN} = 24$ V，额定励磁电压 $U_{fN} = 24$ V，额定电枢电流 $I_{aN} = 1.1$ A，额定励磁电流 $I_{fN} = 0.33$ A。若忽略电动机旋转时本身的阻转矩，采用电枢控制方式，在输出轴上带有负载转矩 $T_L = 0.0167$ N·m。

(1)求当电枢控制电压 $U_c = 18$ V 时的转速 n 和启动(堵转)转矩 T_{st}；

(2)求启动负载时所需的最小启动(控制)电压 $U_{st\ min}$，作出额定电枢电压 U_{aN} 分别为 24 V、18 V 以及 $U_{st\ min}$ 时的机械特性。

解 对此题的分析与分析普通直流电动机一样，由于转速 $n = \frac{U_{aN} - I_a R_a}{K_e \Phi_N}$，所以必须先求出 $K_e \Phi_N$、R_a，为了求得机械特性曲线 $n = f(T)$，需要求出理想空载转速 n_0。

(1)求电动势系数 $K_e \Phi_N$。因忽略了空载转矩，故电磁转矩 $T_M = K_t \Phi_N I_{aN}$ 与额定转矩 T_N 相等，因此

$$K_t \Phi_N = \frac{T_N}{I_{aN}} = \frac{0.0334}{1.1} \text{ (N·m)/A} = 0.0304 \text{ (N·m)/A}$$

而

$$K_e \Phi_N = \frac{K_t \Phi_N}{9.55} = 0.00318 \text{ V/(r/min)}$$

① 求电枢电阻 R_a。因

$$E_N \approx K_e \Phi_N n_N = 0.00138 \times 3000 \text{ V} = 9.54 \text{ V}$$

故

$$R_a = \frac{U_{aN} - E_N}{I_{aN}} = \frac{24 - 9.54}{1.1} \text{ Ω} = 13.15 \text{ Ω}$$

② 求理想空载转速，有

$$n_{0N} = \frac{U_{aN}}{K_e \Phi_N} = \frac{24}{0.00318} \text{ r/min} = 7547 \text{ r/min}$$

③ 求电枢电流 I_a。由于忽略了空载转矩，电磁转矩就等于负载转矩，故电枢电流 I_a 与负载转矩 T_L 成正比，所以

$$I_a = \frac{T_L}{T_N} I_N = \frac{0.0167}{0.0334} \times 1.1 \text{ A} = 0.55 \text{ A}$$

于是当电枢控制电压 $U_c=18$ V 时的转速为
$$n = \frac{U_c - I_a R_a}{K_e \Phi_N} = \frac{18 - 0.55 \times 13.15}{0.00318} \text{ r/min} = 3386 \text{ r/min}$$

因 $n=0, E=0$,且
$$I_{st} = \frac{U_c}{R_a} = \frac{18}{13.15} \text{ A} = 1.37 \text{ A}$$

则启动转矩为
$$T_{st} = K_t \Phi_N I_{st} = 0.0304 \times 1.37 \text{ N·m} = 0.0416 \text{ N·m}$$

(2)求理想空载转速,有
$$n_0 = \frac{U_c}{K_e \Phi_N} = \frac{18}{0.00318} \text{ r/min} = 5660 \text{ r/min}$$

因 $n=0, E=0$,且 $I_a = 0.55$ A 故启动负载时所需的最小启动电压为
$$U_{st\,min} = I_a R_a = 0.55 \times 13.15 \text{ V} = 7.23 \text{ V}$$

此时的启动转矩为最小启动转矩,即
$$T_{st\,min} = K_t \Phi_N I_a = 0.0304 \times 0.55 \text{ N·m} = 0.0167 \text{ N·m} = T_L$$

对应的转速为
$$n_{0min} = \frac{U_{st\,min}}{K_e \Phi_N} = \frac{7.23}{0.00318} \text{ r/min} = 2274 \text{ r/min}$$

机械特性曲线 $n=f(T)$ 如图(例 5.5)所示。

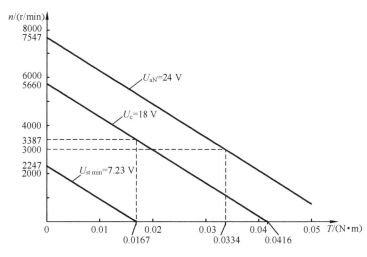

图(例 5.5)

例 5.6　要求一金属传送带的移动速度 $v=500$ cm/s,今选用一台直线异步电动机拖动,要求额定运行时的转差率 $S=0.04$,已知电源的频率为 50 Hz,试问:该直线电动机的极距 τ 为多少?

解　因 $v = 2f\tau(1-S)$,故极距为

$$\tau = \frac{v}{2f(1-S)} = \frac{500}{2 \times 50 \times (1-0.04)} \text{ cm} = 5.2 \text{ cm}$$

5.3 学习自评

5.3.1 自测练习

5.1 步进电动机的步距角的含义是什么？一台步进电动机可以有两个步距角，例如 $3°/1.5°$，这是什么意思？什么是单三拍、单双六拍和双三拍？

5.2 一台五相反应式步进电动机，采用五相十拍运行方式时，转子齿数为 24，若脉冲电源的频率为 3000 Hz，步距角和转速是多少？

5.3 一台五相反应式步进电动机，其步距角为 $1.5°/0.75°$，该电动机的转子齿数是多少？

5.4 步距角小、最大静转矩大的步进电动机，其启动频率和运行频率为什么高？

5.5 负载转矩和转动惯量对步进电动机的启动频率和运行频率有什么影响？

5.6 何谓"自转"现象？交流伺服电动机是怎样克服这一现象的？

5.7 有一直流伺服电动机，当电枢控制电压 $U_c = 110$ V 时，电枢电流 $I_{a1} = 0.05$ A，转速 $n_1 = 3000$ r/min，加负载后，电枢电流 $I_{a2} = 1$ A，转速 $n_2 = 1500$ r/min。试绘制其机械特性曲线 $n = f(T)$。（提示：$T \propto I$。）

5.8 若直流伺服电动机的励磁电压一定，当电枢控制电压 $U_c = 100$ V 时，理想空载转速 $n_0 = 3000$ r/min。当 $U_c = 50$ V 时，n_0 等于多少？

5.9 一台直线异步电动机的极距 $\tau = 10$ cm，电源频率为 50 Hz，额定运行时的滑差率 $S = 0.05$，试求其额定速度。

5.3.2 自测练习参考答案

5.1 （略）

5.2 $\beta = 1.5°$，$n = 750$ r/min。

5.3 $z = 48$。

5.4～5.7 （略）

5.8 $n_0 = 1500$ r/min

5.9 $v = 950$ cm/s

5.4 关于教学方面的建议

主要讲述步进电动机的结构特点、工作原理、脉冲分配方式、步距角以及主要性能指标。对于其他电动机，主要讲述其结构特点和工作原理。

第6章 继电器-接触器控制

6.1 知识要点

6.1.1 基本内容

1. 控制电器

控制电器主要是指接触器和继电器。控制电器就其工作原理而言绝大多数都是电磁式的,其结构主要由铁芯线圈和触头组成。因此,电磁线圈的电流种类、电压高低就成为选择这些控制电器的重要依据之一;控制电器的触头是用来接通与断开电路的,因此,触头通、断的能力或其额定电流是选择这些控制电器的又一主要依据。当然各类控制电器还有它自己的特点,如时间继电器就有各种形式,它们的结构特点、原理和用途各不一样,所以,熟悉各种控制电器的基本工作原理、技术数据和应用场所是至关重要的。

2. 基本控制环节和基本控制方法

在了解电气控制电路安装接线图和原理图的区别的基础上,重点熟悉绘制原理图的基本规则。任何复杂的电气控制电路都是根据生产机械的实际需要和具体控制对象,选择几种基本的控制方法,由一些基本的控制环节按一定的程序相互连锁而构成的。因此,必须熟练掌握基本控制环节和基本控制方法(原则)。

(1)基本控制环节主要有:启动、正反转、点动、各种联锁及顺序(程序)运转等的控制,这是最基本的。

(2)基本控制方法主要有按行程原则、时间原则、速度原则和电流原则等实现控制的方法。各种控制方法都有自己的优缺点,选择时要根据生产机械的具体要求、可靠性和经济指标等综合来考虑。

3. 控制电路中常用的保护装置

为了保证控制电路的安全可靠运行,还必须有各种保护,常用的保护有短路保护、过电流保护、过载保护、零电压和欠电压保护、弱磁保护、超速保护和各种联锁保护等,各种保护需要采用不同的保护电器,这是必须熟悉的。

4. 分析控制原理电路图的一般步骤

各种控制方法是有机联系和综合应用的,这在所举例题中将会清楚地看到。

在分析生产机械电气控制电路时,首先要了解生产机械的基本结构、运动形式和生产工艺的要求,在此基础上应先分析主电路,了解有几台电动机,各拖动什么部件运动,拖动系统有什么特点和保护;再分析控制电路是如何实现控制要求的,在分析时可按"化整为零看电路,积零为整看全面"的方法进行,这是因为任何复杂的控制电路都是由若干"基本控制环节"所组成的,对各个基本环节分析清楚后,再按工作程序进行分析并注意各环节间的相互联系,就可统观全电路了。分析时还要特别注意弄清各电路的作用和代表符号,看懂各控制开关的工作状态表。掌握阅图步骤对看懂较复杂的控制电路是非常重要的。

5. 控制原理电路图的设计方法

电气控制电路的设计常用的方法有经验设计法和逻辑分析设计法。比较简单的控制电路应用经验设计法一般就可以了,但对于比较复杂的控制电路,用经验设计法不易考虑得很周全,难免有些疏漏,这时最好采用逻辑分析设计法。

6.1.2 基本要求

(1) 通过自学教材 6.1 节,熟悉各种电器的工作原理、作用、特点、应用场所和表示符号。
(2) 掌握继电器-接触器控制电路中的基本控制环节和常用的几种自动控制方法。
(3) 学会分析较复杂的继电器-接触器控制电路。
(4) 学会设计一些较简单的继电器-接触器控制电路。

6.1.3 重点与难点

1. 重点

(1) 电磁式交流接触器与直流接触器的区别。
(2) 三相异步电动机启动的控制电路及保护电路,特别是长期过载保护电路。
(3) 互锁与联锁的控制方法。
(4) 按行程和时间控制的控制方法。

2. 难点

(1) 时间继电器的图形符号。
(2) 联锁控制的方法与技巧。
(3) 控制电路的设计。

6.2 例题解析

例 6.1 试设计某机床主轴电动机控制电路图。要求:

(1) 可正、反转,且可反接制动;
(2) 正转可点动,可在两处控制启、停;
(3) 有短路和长期过载保护。

解 反接制动采用速度继电器控制,主电路图和控制电路图如图(例 6.1)(a)和(b)所示。

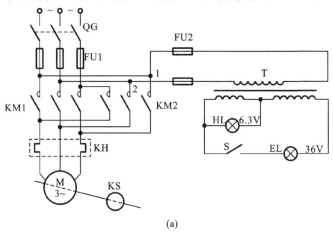

(a)

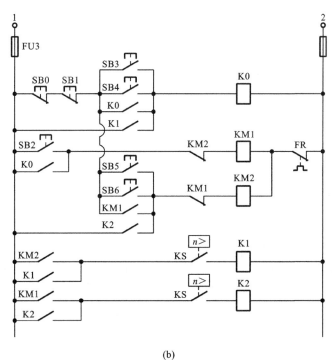

(b)

图(例 6.1)

说明:SB3、SB4——正转按钮;SB5、SB6——反转按钮;SB0、SB1——制动按钮;SB2——正转点动按钮。

例 6.2 试设计一电液控制系统,其工艺要求的动作顺序为:当工件放到加工位置时,先将工件用液压缸夹紧,然后刀架进给,进给到位后刀架自动退回,退到原位时自动将工件放松,最后取走工件,一个循环结束。以后不断重复此循环。

解 工件的夹紧与放松用压力继电器发出信号,图(例 6.2)表示采用压力继电器的电液控制系统,其中,图(a)为液压控制系统,图(b)为电气控制电路。其工作过程如下:启动油泵电动机后,在循环动作开始前,各电磁阀处于如图(例 6.2)所示的常态位置;当工件放到加工位置时,行程开关 ST1 常开触点被压合,给出按程序自动加工的启动信号,继电器 K1 通电,K1 常开触点闭合,电磁铁 YA1 通电,使三位四通阀 YV1 右位通,夹紧液压缸 YG1 活塞下行,将工件夹紧;工件夹紧后,液压缸上腔油压增大,当油压超过压力继电器 KP 的动作压力时,KP 的常开触点闭合,继电器 K3 通电,电磁铁 YA3 通电,使三位四通阀 YV2 右位通,压力油进入液压缸 YG2 右腔,YG2 左腔内的油经调速阀 TF 回到油箱,YG2 的活塞左行,带动刀架以工作速度进给;进给到位时,行程开关 ST2 动作,ST2 的常闭触点断开,K3 失电,YA3 失电,同时 ST2 的常开触点闭合,K4 通电其常开触点闭合,电磁铁 YA4、YA5 通电,YA4 使三位四通阀 YV2 左位通,YA5 使二位二通阀左位通并将调速阀 TF 旁路,所以液压缸 YG2 活塞快速右

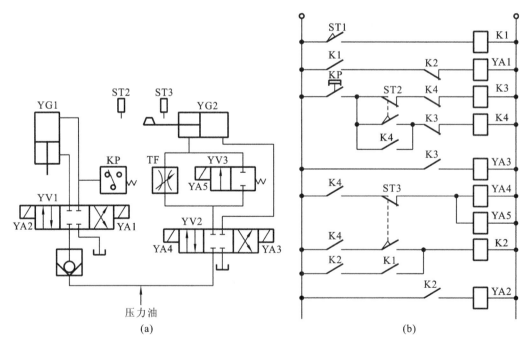

图(例 6.2)

行,刀架快退;当刀架退到原位时,行程开关 ST3 动作,其常闭触点断开,YA4、YA5 失电,快退停止;ST3 常开触点闭合,K2 通电,电磁铁 YA1 失电,YA2 通电,使三位四通阀左位通,液压缸 YG1 活塞上升,放松工件;工件放松后油压下降,压力继电器 KP 复位,当工件取走后,行程开关 ST1 常开触点复位断开,K1、K2 失电,YA2 失电,各电磁阀都回到常态位置,一个工作循环结束。当第二个工件又来到时,又按此工件循环顺序工作。

例 6.3 试设计一台单梁桥式起重机的控制电路。该起重机由提升机、小车、大车组成,要求在地面操作,不要求调速,但可采用点动控制,上升、向前和向后有终端极限保护,装有低电压照明和电铃。

解 单梁桥式起重机的主电路和控制电路如图(例 6.3)(a)和(b)所示。具体说明如下:

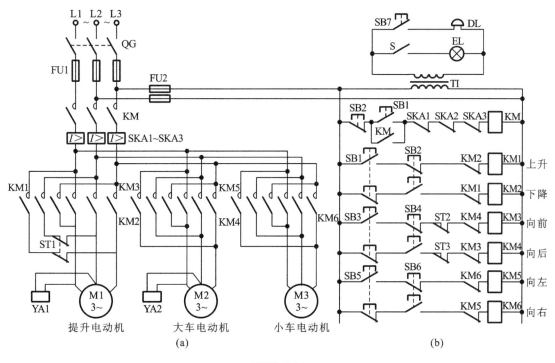

图(例 6.3)

(1)提升机、大车、小车分别由笼型异步电动机 M1、M2、M3 拖动,总电源接触器 KM 起零压保护的作用,过电流继电器 SKA1、SKA2、SKA3 对电动机进行过载保护和短路保护。由于三个电动机都是短时间工作,所以都没有必要采用长期过载保护。

(2)三个电动机 M1、M2、M3 点动工作,分别按压 SB1(SB2)、SB3(SB4)、SB5(SB6)按钮即可实现正(反)转的控制。提升电动机(M1)、大车电动机(M2)的制动采用断电抱闸的电磁铁(YA1、YA2)制动器,可避免由于工作中突然断电而使重物滑下等所造成的事故;而小车电动机(M3)由于行走速度较慢,所以没有采用制动装置。

(3)提升的极限保护用行程开关 ST1,大车向前、向后行走的极限保护用行程开关 ST2、ST3。

(4)照明和电铃的低压电源由降压安全变压器 TI 提供。

例 6.4 试分析读懂图(例 6.4-1)和图(例 6.4-2)所示的液压半自动车床的主电路图和控制原理电路图。

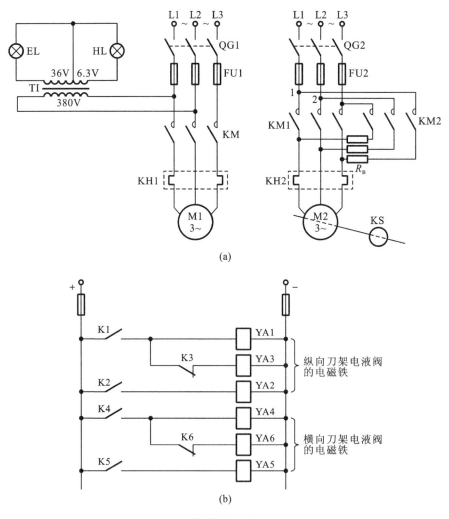

图(例 6.4-1)

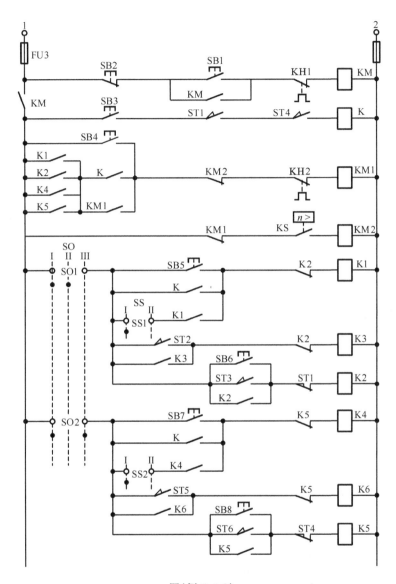

图(例 6.4-2)

解 (1)分析阅读生产机械电气控制原理电路图的一般步骤如下：

①必须了解机床各部件的运动情况及拖动这些运动部件的电动机等电气设备。对本机床而言，液压泵的开动由电动机 M1 拖动，只沿一个方向旋转，控制简单；主轴的转动由电动机 M2 实现，它要求反接制动；刀架的自动快进→进给→快退→停止，则由电磁铁 YA1、YA2、YA3(YA4、YA5、YA6)分别轮流控制液压的油路系统来实现，表(例 6.4-1)为电磁铁工作表，

图(例6.4-3)为电液系统图。

表(例6.4-1)

动力头	电磁铁			转换主令
	1YA(4YA)	2YA(5YA)	3YA(6YA)	
快进	×		×	SB3
工进	×	×		ST2(ST5)
快退		×		ST3(ST6)
停止				ST1(ST4)

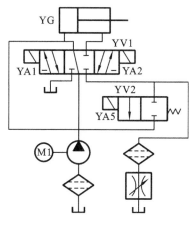

图(例6.4-3)

②应看懂图中各电器的图形符号及其作用,并且要把每一个电器的线圈与触点动作看清,同时掌握各电器的文字符号及其名称(可对照表(例6.4-2)进行)。例如,按下SB1,接触器KM的线圈就得电,电动机M1的电路即可接通。

表(例6.4-2)

文字符号	名称(用途)
M1	油泵电动机 1.7 kW,1430 r/min
M2	主轴电动机 7 kW,1440 r/min
KM	M1 的工作接触器
KM1、KM2	M2 的启动、制动接触器
K	中间继电器
K3	纵向刀架快进继电器
K1	纵向刀架进给继电器
K2	纵向刀架快退继电器
K6	横向刀架快进继电器
K4	横向刀架进给继电器
K5	横向刀架快退继电器
YA3	纵向刀架快进电磁铁
YA1	纵向刀架进给电磁铁

续表

文字符号	名称（用途）
YA2	纵向刀架快退电磁铁
YA6	横向刀架快进电磁铁
YA4	横向刀架进给电磁铁
YA5	横向刀架快退电磁铁
ST1、ST4	纵、横向刀架停止(快进)行程开关
ST2、ST5	纵、横向刀架进给行程开关
ST3、ST6	纵、横向刀架快退行程开关
ST7、ST8	纵、横向刀架终端限位开关
KH1、KH2	油泵电动机、主轴电动机的热继电器
SO	选择纵、横向刀架工作的转换开关
SB1	油泵电动机的"启动"按钮
SB2	油泵电动机的"停止"按钮
SB3	主轴、刀架工作的"启动"按钮
SB4	主轴的"点动"按钮
SB5、SB7	纵、横刀架的"点动快进"按钮
SB6、SB8	纵、横刀架的"点动快退"按钮
SS	选择刀架"工作""点动"的转换开关
KS	主轴电动机反接制动速度继电器
TI	照明变压器
EL	照明灯
HL	信号灯
QG1、QG2	刀开关(电源开关)
FU1、FU2、FU3、FU4	熔断器

③应看懂各控制开关的工作表(即各控制开关触点的接触情况)。如转换开关 SO,当手柄放在位置"Ⅰ"时,SO1、SO2 都接通,当手柄放在位置"Ⅱ"时,SO1 接通,当手柄放在位置"Ⅲ"时,仅 SO2 接通,如表(例 6.4-3)所示;又如转换开关 SS,当手柄放在位置"Ⅰ"时,SS1 和 SS2 都接通,而放在位置"Ⅱ"时,SS1 和 SS2 都断开,如表(例 6.4-4)所示;再如行程开关与装在刀架上的挡块之间的关系必须搞清楚,如图(例 6.4-4)所示。

表(例 6.4-3)

触点	位置		
	Ⅰ	Ⅱ	Ⅲ
SO1	×	×	
SO2	×		×

表(例 6.4-4)

触点	位置	
	Ⅰ	Ⅱ
SS1	×	×
SS2	×	

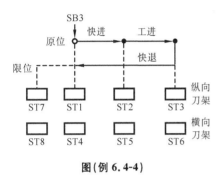

图(例 6.4-4)

④分析机床的全部控制电路,但也必须分别对机床各运动部件的控制电路逐个地加以分析,才不会感到很复杂而无从入手。

(2)对电路进行分析。

①油泵电动机的工作。机床工作时,先将开关 QG1、QG2 合上。按下 SB1,接触器 KM 得电并自锁,其动合主触点闭合,接通油泵电动机 M1,开始工作,使油压上升,而接触器 KM 的另一动合触点闭合,为主轴电动机转动和刀架移动做好通电准备,因为只有当油压上升并工作一段时间后(尤其是冬天),才允许刀架工作。按下 SB2,接触器 KM 断电,油泵电动机停止工作。如果油泵电动机长期过载运行,发热严重,就会使热继电器 KH1 动作,其动断触点断开,也会使电动机 M1 停止工作。如果油泵电动机突然严重过载,就会使熔断器 FU1 熔断,也会使电动机 M1 停止工作。接触器 KM 还起欠压保护的作用。

②主轴和刀架的工作。该机床主轴转动与纵向刀架和横向刀架的配合工作有三种情况,三种情况的选择由转换开关 SO 来操纵。当 SO 手柄放在位置"Ⅰ"时,SO1 和 SO2 都接通,此时主轴和纵向、横向刀架都工作;当 SO 手柄放在位置"Ⅱ"时,仅 SO1 接通,而 SO2 是断开的,此时只有主轴和纵向刀架工作;当 SO 手柄放在位置"Ⅲ"时,仅 SO2 接通,而 SO1 是断开的,此时只有主轴和横向刀架工作。

为了实现被加工工件的自动切削,该机床要求刀架和主轴的自动循环运动规律是:刀架和主轴启动→刀架快进→刀架进给→刀架快退→刀架停止→主轴停止。

下面分这三种工作情况分别加以分析。

• 第一种工作情况:主轴和纵向刀架工作,这时把 SO 手柄放在位置"Ⅱ",SO1 接通。

正常自动工作——转换开关 SS 手柄放在位置"Ⅰ",SS1、SS2 接通。

由于刀架停止时装在刀架上的挡块压住行程开关 ST1 和 ST4,其动合触点是闭合的,故按下 SB3 时,中间继电器 K 得电,其动合触点都闭合,为刀架和主轴工作做好准备。动合触点 K 闭合,K1 得电并自锁,其动合触点都闭合,其结果是:一方面,KM1 得电并自锁,KM2 的动合主触点闭合,接通主轴电动机 M2 带动主轴转动;另一方面,K1 的动合触点与 K3 的动断触点分别接通电磁铁 YA1 和 YA3,此时两个电磁铁控制油路而使纵向刀架启动并实现快速前进。当刀架快进到挡块碰撞行程开关 ST2 时,ST2 的动合触点闭合,使 K3 得电并自锁,K3 的动断触点断开使 YA3 失电,YA3 的失电与 YA1 得电,一起控制油路使刀架转为慢速进给。当刀架进给到挡块碰撞 ST3 时,ST3 的动合触点闭合,使 K2 得电并自锁,K2 的动断触点断开使 K1 失电,其动合触点断开 YA1,K2 的动合触点使电磁铁 YA2 得电,YA1 的失电和 YA2 的得电,一起控制油路而使刀架转为快速退回。当刀架快退到原位时挡块压下 ST1(如果发生 ST1 失灵,则还有终端限位开关 ST7 保护),其动断触点断开而使 K2 失电,K2 的动合触点断开而使 YA2 断开。YA1 和 YA2 都断开,一起控制油路而使刀架停止移动。另外,当 K2 失电后,其动合触点断开使 KM1 失电,KM1 的动合主触点断开要使主电动机 M2 失电,但因 KM1 的动断触点闭合又使 KM2 得电,KM2 的动合主触点又接通电动机 M2 企图使 M2 反转,但当 M2 由正转变到反转时,一定要经过零速,此时速度继电器的动合触点 KS 断开而使 KM2 失电,其动合主触点断开,使电动机 M2 停止而实现反接制动。

点动工作——转换开关 SS 的手柄放在位置"Ⅱ",SS1、SS2 断开。

要实现纵向刀架的点动进给,按压 SB5 按钮。要实现纵向刀架的点动快退,按压 SB6 按钮,一直退到原位挡块碰撞行程开关 ST1 时,刀架停在原位。要实现主轴的点动,按压 SB4 按钮即可。

• 第二种工作情况:主轴和横向刀架工作,这时把 SO 的手柄放在位置"Ⅲ",SO2 接通,主轴和横向刀架的工作情况与第一种情况完全相同。只是由 K4、K5、K6 代替了 K1、K2、K3,由 YA4、YA5、YA6 代替了 YA1、YA2、YA3,由 ST4、ST5、ST6 和 ST8 代替了 ST1、ST2、ST3 和 ST7,由 SB7 代替了 SB5,由 SB8 代替了 SB6。

• 第三种工作情况:主轴和纵、横向刀架都工作。只要把转换开关 SO 的手柄放在位置"Ⅰ",SO1 和 SO2 都会接通,这时主轴、纵向刀架、横向刀架都工作,其工作情况与前述同。

6.3 学 习 自 评

6.3.1 自测练习

6.1 从接触器的结构特征上如何区分交流接触器与直流接触器?为什么?

6.2 若交流电器的线圈误接入同电压的直流电源,或直流电器的线圈误接入同电压的交流电源,会发生什么问题?为什么?

6.3 在交流接触器铁芯上安装短路环为什么会减小振动和噪声?

6.4 两个相同的 110 V 交流接触器线圈能否串联到 220 V 的交流电源上运行?为什么?若是直流接触器情况又如何?为什么?(提示:两个接触器的衔铁不可能同时合上。)

6.5 为什么热继电器不能作短路保护而只能作长期过载保护,而熔断器则相反?

6.6 要求三台电动机 M1、M2 和 M3 按一定顺序启动,即 M1 启动后,M2 才能启动,M2 启动后 M3 才能启动;停车时则同时停。试设计此控制线路。

6.7 如图(题 6.7)所示的启、停控制线路,试从接线、经济、安全、方便等方面来分析存在什么问题。

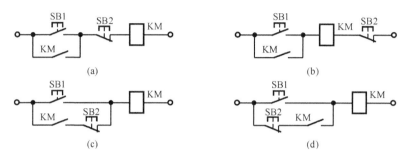

图(题 6.7)

6.8 试设计一台异步电动机的控制电路,要求:
(1)能实现启、停的两地控制;　　(2)能实现点动调整;
(3)能实现单方向的行程保护;　　(4)要有短路和长期过载保护。

6.9 冲压机床的冲头,有时用按钮控制,有时用脚踏开关控制,试设计用转换开关选择工作方式的控制电路。(提示:按钮控制为"长动",脚踏开关控制为"点动"。)

6.10 试设计一条自动运输线,有两台电动机,M1 拖动运输机,M2 拖动卸料机。要求:
(1)M1 先启动后才允许 M2 启动;
(2)M2 先停止,经一段时间后 M1 才自动停止,且 M2 可以单独停止;
(3)两台电动机均有短路、长期过载保护。

6.11 图(题 6.11)为机床自动间歇润滑的控制电路图,其中,接触器 KM 为润滑油泵电动机启停用接触器(主电路未画出),控制电路可使润滑油泵有规律地间歇工作。试分析此电路的工作原理,并说明开关 S 和按钮 SB 的作用。

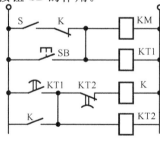

图(题 6.11)

6.12 试设计两台电动机 M1、M2 顺序启、停的控制线路。要求：
(1)M1 启动后 M2 立即自动启动；　　(2)M1 停止后 M2 延时一段时间后才停止；
(3)M2 能点动调速工作；　　　　　　(4)两台电动机均有短路、长期过载保护；
(5)绘出主电路。

6.13 试设计一个工作台前进—退回的控制线路。工作台由电动机 M 拖动,行程开关 ST1、ST2 分别装在工作台的原位和终点。要求：
(1)能自动实现前进—后退—停止到原位；　(2)工作台前进到达终点后停一下再后退；
(3)工作台在前进中可以立即后退到原位；　(4)有终端保护；
(5)绘制主电路。

6.3.2　自测练习参考答案

6.1 交流接触器的铁芯都用硅钢片叠铆而成,是为了减少涡流、磁滞损耗,并在铁芯的端面上装有分磁环(短路环),以消除振动和噪声。

直流接触器的铁芯与交流接触器不同,它没有涡流、磁滞的存在,因此,一般用软钢或工业纯铁制成,且铁芯端面上没有装短路环。

6.2 都会烧坏。

6.3 使总的合力不为零。

6.4 交流接触器线圈不能串联工作,直流接触器线圈可以串联工作。

6.5 由于两者的动作特性不同,所以用途也不同。

6.6～6.13 （略）

6.4　关于教学方面的建议

(1)应特别重视理论联系实际。
(2)控制电器要采用现场教学或多媒体教学,6.1 节的详细内容可让学生自学。
(3)一定要讲清绘制控制电路原理图的基本规划和设计时应注意的一些共性问题。
(4)从基本控制电路起就要从生产实际要求出发,用设计的观点引导学生逐步完善整个控制电路的设计,切忌从阅图的角度来讲解控制电路。

第 7 章

可编程控制器原理与应用

7.1 知识要点

7.1.1 基本内容

可编程控制器(简称为 PLC)是一种用于控制的专用微型计算机,可以进行数字量和模拟量的控制。用于数字量控制时,它比一般继电器等顺序控制器灵活性更大,通用性更强,控制功能更多,适用性更强,是一种更加完善的新型工业控制器。

PLC 是微型计算机技术与继电器控制技术相结合的产物,虽说是微型计算机,但用它来实现顺序控制时,不必从计算机的角度去研究,而是把它等效为一个继电器系统。所以,它既具有微机灵活性大、通用性强、控制功能强、可靠性高、体积小等优点,又具有继电器系统编程直观、简单易学、操作方便等优点。

1. PLC 的基本结构

PLC 由中央处理单元 CPU、存储器、输入/输出接口、编程器等部分组成。

2. PLC 的基本工作原理

PLC 是以循环扫描工作方式运行的,每个循环扫描周期的最后,将输出锁存器并行输出去驱动输出继电器,使输出端子上的信号变为本次工作周期运行结果的实际输出。

3. PLC 的主要特点

PLC 的主要特点是应用灵活、扩展性好、通用性强、控制功能强、具有完善的诊断功能、可靠性高、编程直观、简单易学、操作方便、体积小、重量轻、性价比高等。

4. PLC 的编程元件

PLC 内部有许多具有不同功能的器件,实际上这些器件是由电子电路和存储器组成的,例如输入继电器 X 是由输入电路和映象输入接点的存储器组成;输出继电器 Y 是由输出电路和映象输出接点的存储器组成;定时器 T、计数器 C、辅助继电器 M、状态器 S、数据寄存器 D、变址寄存器 V/Z 等都是由存储器组成的。为了把它们与通常的硬器件区分开,通常把上面的器件统称为软器件,也称编程元件。这些元件供用户编写程序使用,应掌握这些元件的作用以及编程方法。

5. PLC 的编程方法

编程的任务就是把控制功能变换成程序,而程序的表达方式则随控制装置的不同而各异,PLC 的程序表达方式非常灵活,主要有梯形图、语句表、状态转移图等几种基本形式。几种形式在程序中可以根据功能要求的不同而灵活使用。

6. PLC 的指令系统

不同的 PLC,其指令是不相同的,但都包含基本的逻辑运算指令、步进顺控指令以及功能指令(教材内没有介绍)。应掌握这些指令的意义和使用方法。

为了更好地利用指令系统,以较少的指令完成控制任务,还需要掌握一些常用的编程技巧。

7. PLC 的开发步骤

欲利用 PLC 来实现生产过程的控制,必须熟悉 PLC 的开发步骤,并根据实际生产工艺要求,合理地选择 PLC 的型号和接口。通过对典型实例的分析,牢牢掌握以下一般设计的四个步骤:

(1)绘制工艺流程图与列动作顺序表;

(2)根据功能要求选配 PLC 系统;

(3)绘制 PLC 与现场器件连接的实际安装图;

(4)根据硬件连线图编写程序。

7.1.2 基本要求

(1)了解 PLC 的基本结构和基本工作过程。

(2)弄清 PLC 的各种编程元件及特点。

(3)熟悉 PLC 的程序表达式及指令系统。

(4)掌握 PLC 的编程方法和开发步骤。

7.1.3 重点与难点

1. 重点

PLC 编程方法和应用系统的设计方法。

2. 难点

(1)PLC 的梯形图与一般继电器控制原理电路图的区别。

(2) 程序的扫描工作方式。
(3) 应用系统的设计。
这三个难点如果不能掌握，常易出错。

7.2 例 题 解 析

例 7.1 有一把密码安全锁，设有八个按键，其控制要求如下：
(1) 按下启动按键，即可进行开锁操作；
(2) 开锁条件——分别对三个按键按压设定的次数，即可开锁；
(3) 报警信号——按压两个按键中的一个即可通过报警器发出警报信号；
(4) 按下复位按键，即可关锁，并可重新进行开锁；
(5) 按下停止按键，也可关锁，但要再按压启动按键后才能进行开锁操作。
试设计 PLC 控制系统。

解 利用 PLC 实现密码安全锁的控制要求，其设计步骤如下：
(1) 设定八个按键的功能和 PLC 输入、输出端口的连接如表(例 7.1)所示。

表(例 7.1)

	现场信号	PLC 端口	功　　能
输入	SB1	X001	开锁按键，按压次数设定为 2 次
	SB2	X002	开锁按键，按压次数设定为 1 次
	SB3	X003	开锁按键，按压次数设定为 3 次
	SB4	X004	不可按下按键——按下即发报警信号
	SB5	X005	不可按下按键——按下即发报警信号
	SB6	X006	复位按钮
	SB7	X007	停止按钮
	SB8	X000	启动按钮
输出	YA	Y000	开启安全锁电磁铁
	HA	Y001	报警信号装置

(2) 绘制 PLC 硬件接线图，如图(例 7.1-1)所示。
(3) 编写程序，绘制梯形图，如图(例 7.1-2)所示。

第 7 章 可编程控制器原理与应用

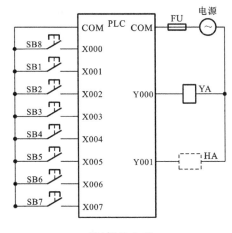

图(例 7.1-1)

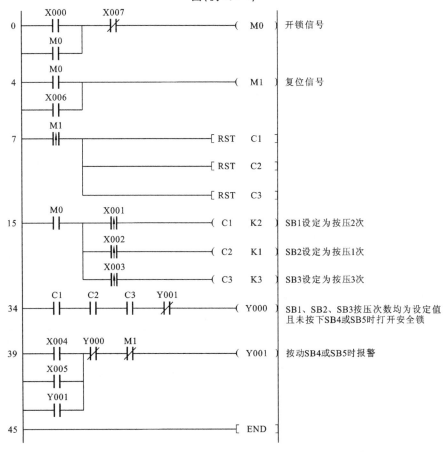

图(例 7.1-2)

例 7.2 一台带式运输机如图(例 7.2-1)所示。原料从料斗经两条输送带 PD2、PD1 送出,向 PD2 供料由电磁阀 YV 控制,PD1 和 PD2 分别由三相交流电动机 M1 和 M2 驱动,电磁阀 YV 由电磁铁 YA 驱动。试设计 PLC 控制系统。

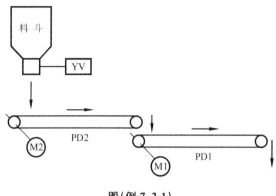

图(例 7.2-1)

解 依题意,首先分析它的工作过程和要求。

(1) 该带式运输机的控制要求如下:

① 启动。启动时为了避免在前段输送带上造成物料堆积,要求逆物料流动方向按一定时间间隔顺序启动。其启动顺序为

$$PD1 \xrightarrow{\text{延迟 5 s}} PD2 \xrightarrow{\text{延迟 5 s}} YV$$

② 停止。停止时为了使输送带上不残留物料,要求顺物料流动方向按一定时间间隔顺序停止。其停止顺序为

$$YV \xrightarrow{\text{延迟 10 s}} PD2 \xrightarrow{\text{延迟 10 s}} PD1$$

③ 紧急停止。紧急情况下无条件地把 PD1、PD2、YV 全部同时停止。

④ 故障停止。带式运输机运行中,当 M1 长期过载时,应使 PD1、PD2、YV 同时停止;当 M2 长期过载时,应使 PD2、YV 同时停止,而 PD1 在 PD2 停止后再延迟 10 s 才停止。

(2) 现场器件与 PLC 内部 I/O 端口的对照表(I/O 分配)如表(例 7.2)所示。

表(例 7.2)

现场器件(输入设备)	等效继电器地址号 输入点	现场器件 (输出设备)	等效继电器地址号 输出点
启动按钮 SB1	X000	M1 用接触器 KM1	Y000
停止按钮 SB2	X001	M2 用接触器 KM2	Y001
急停按钮 SB3	X002	电磁铁 YA	Y002
M1 用热继电器触点 KH1	X003	—	—
M2 用热继电器触点 KH2	X004	—	—

(3)电动机的主电路与 PLC 的安装图分别如图(例 7.2-2)(a)和(b)所示。

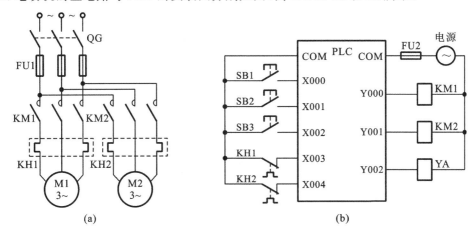

图(例 7.2-2)

(4)梯形图为图(例 7.2-3)。

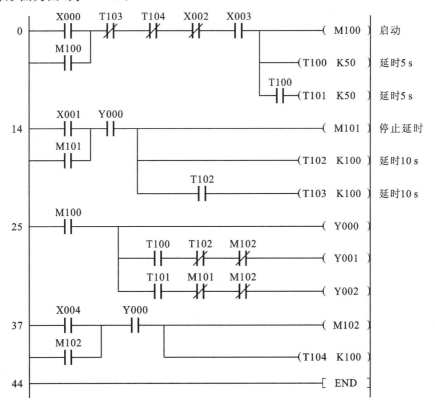

图(例 7.2-3)

例 7.3 图(例 7.3-1)为某机械手工作示意图,该机械手的工作是将传送带 A 上的物品输送到传送带 B 上。为使动作准确,安装了限位开关 ST1~ST5,分别对机械手进行抓紧、左旋、右旋、上升、下降动作的限位,并给出动作到位信号,机械手的放松由时间控制;光电开关 PS 负责检测传送带 A 上的物品是否到位;启动按钮 SB1、停止按钮 SB2 用来启动、停止机械手和传送带 A。传送带 A、B 由电动机拖动,机械手的上、下、左、右、抓、放动作由液压驱动,并分别由 6 个电磁阀来控制;传送带 B 为连续运转状态,不用 PLC 控制。试设计 PLC 控制系统。

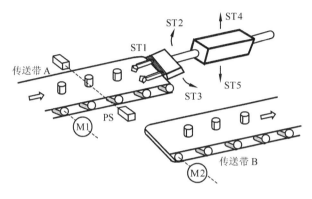

图(例 7.3-1)

解 (1)工作流程图。机械手及传送带 A 的工作流程图即为图(例 7.3-2),动作时序图即为图(例 7.3-3)。

启动时,系统按照工作流程图的工步顺序动作;停止时,系统停止在现行工步上,重新启动时,系统按停止前的工步继续顺序进行;PLC 断电等故障停止运行时的要求与正常停止运行时的要求一致。

(2)现场器件与 PLC 内部等效继电器地址编号的对照表(I/O 地址分配)即为表(例 7.3)。

表(例 7.3)

输入设备	地址号	输出设备	地址号
启动按钮 SB1	X000	传送带 A 电动机 M1 的接触器 KM	Y000
停止按钮 SB2	X001	左旋电磁铁 YA1	Y001
抓限位开关 ST1	X002	右旋电磁铁 YA2	Y002
手臂左旋限位开关 ST2	X003	上升电磁铁 YA3	Y003
手臂右旋限位开关 ST3	X004	下降电磁铁 YA4	Y004
手臂上升限位开关 ST4	X005	抓紧电磁铁 YA5	Y005
手臂下降限位开关 ST5	X006	放松电磁铁 YA6	Y006
光电开关 PS	X007	—	—

第 7 章 可编程控制器原理与应用

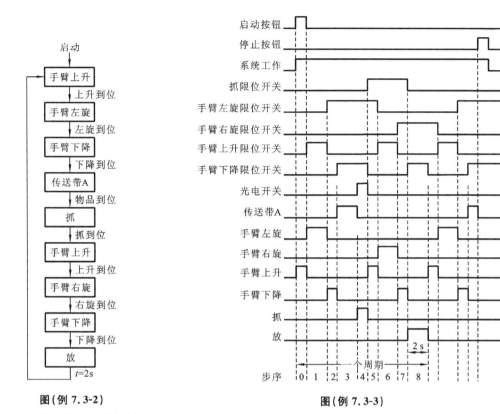

图(例 7.3-2)

图(例 7.3-3)

(3) PLC 的安装图为图(例 7.3-4)。

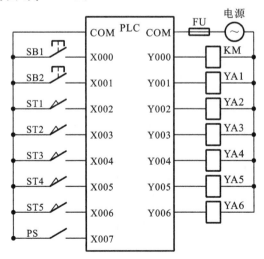

图(例 7.3-4)

(4) 对于顺序控制任务,程序可采用梯形图和状态转移图相结合的方法编写,自动循环部分采用状态转移图编写,其他部分采用梯形图编写。自动循环控制部分的状态转移图即为图(例 7.3-5)。

(5) 状态转移图也有对应的梯形图,完成整个控制任务的完整梯形图即为图(例 7.3-6)。

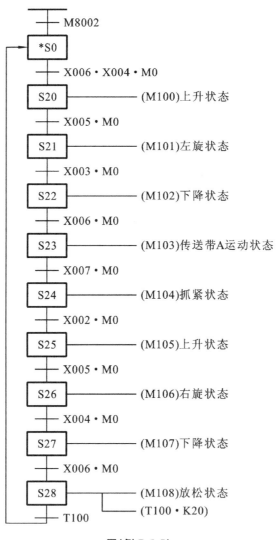

图(例 7.3-5)

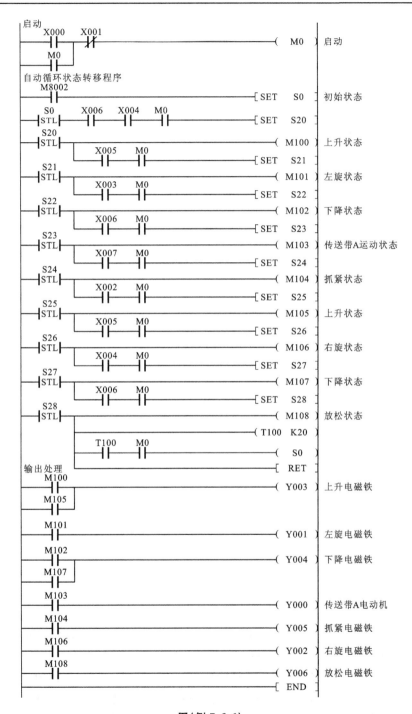

图(例 7.3-6)

7.3 学习自评

7.3.1 自测练习

7.1 试用PLC设计3台电动机的顺序控制系统。3台电动机顺序控制的时序如图(题7.1)所示。要求电动机M1运行5 s后,M2才运行;M2运行5 s后,M3才运行,且M1停止;M3运行5 s后,M2停止;M3运行10 s后停止,且M1又运行。如此循环运行下去。(提示:可用定时器和计数器相配合来实现顺序控制。)

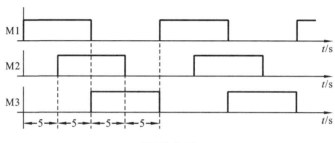

图(题7.1)

7.2 一生产自动线中的小车由电动机拖动,电动机正转小车前进,电动机反转小车后退。对小车运行的控制要求为:小车从原位出发驶向1号位,抵达后立即返回原位;第二次出发一直向2号位驶去,到达2号位后立即返回原位;第三次出发一直驶向3号位,到达3号位后立即返回原位。根据需要,小车有两种工作方式:一种是不断重复上述运行过程,不停地运行下去,直到按下停止按钮才停止运行;一种是小车运行上述一个周期后就自动停止运行。小车行驶示意图为图(题7.2)。试用PLC设计此控制系统。

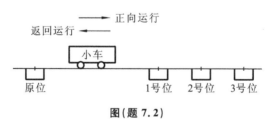

图(题7.2)

7.3 试用PLC设计一台全自动洗衣机的控制系统。图(题7.3-1)为全自动洗衣机示意图。

全自动洗衣机的洗衣桶(外桶)和脱水桶(内桶)的旋转中心是重合的。外桶固定,作盛水用。内桶可以旋转,作脱水(甩干)用。内桶的四周有很多小孔,使内、外桶的水流相通。该洗衣机的进水和排水分别由进水电磁阀和排水电磁阀来执行。进水时,通过电控系统使进水阀打开,经进水管将水注入外桶。排水时,通过电控系统使排水阀打开,将水由外桶排到机外。

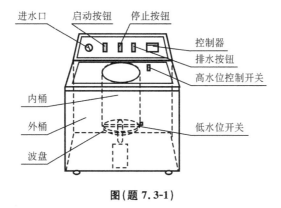

图(题 7.3-1)

洗涤正转、反转由洗涤电动机驱动波盘正、反转来实现,此时脱水桶并不旋转。脱水时,通过电控系统将离合器合上,由洗涤电动机带动内桶正转进行甩干。高、低水位开关分别用来检测高、低水位。

该全自动洗衣机的控制要求可以用流程图(见图(题 7.3-2))来表示。

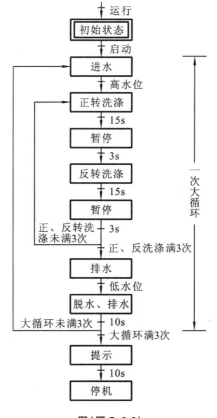

图(题 7.3-2)

PC 投入运行,系统处于初始状态,准备启动。启动时开始进水。水满(即水位到达高水位)时停止进水并开始正转洗涤。正转洗涤 15 s 后暂停。暂停 3 s 后开始反转洗涤。反转洗涤 15 s 后暂停。暂停 3 s 后,若正、反转洗涤未满 3 次,则返回从正转洗涤开始的动作;若正、反转洗涤满 3 次,则开始排水。水位下降到低水位时开始脱水并继续排水。脱水 10 s 即完成一次从进水到脱水的大循环过程。若未完成 3 次大循环,则返回从进水开始的全部动作,进行下一次大循环;若完成了 3 次大循环,则进行洗完提示。提示 10 s 后结束全部过程,自动停机。

此外,还要求可以利用排水按钮以实现手动排水;利用停止按钮以实现手动停止进水、脱水及提示。(提示:可用定时器与计数器相配合来实现顺序控制。)

7.4 试设计一条用 PLC 控制的自动装卸线。自动结构示意图即为图(题 7.4),电动机 M1 驱动装料机加料,电动机 M2 驱动料车升降,电动机 M3 驱动卸料机卸料。

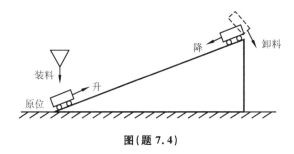

图(题 7.4)

装卸线操作过程是:
(1)料车在原位,显示原位状态,按启动按钮,自动线开始工作;
(2)加料定时 5 s,加料结束;   (3)延时 1 s,料车上升;
(4)上升到位,自动停止移动;   (5)延时 1 s,料车自动卸料;
(6)卸料 10 s,料车复位并下降;   (7)下降到原位,料车自动停止移动。
要求:能实现单周装卸及连续循环操作。

7.5 试用 PLC 设计按行程原则实现对机械手的夹紧→正转→放松→反转→回原位的控制。

7.6 图(题 7.6)所示为由三段传送带组成的金属板传送带,电动机 M1、M2、M3 分别用来驱动三段传送带,传感器(采用接近开关)S1、S2、S3 用来检测金属板的位置。当金属板正在传送带上传送时,其位置由一个接近开关检测,接近开关安放在两段传送带相邻的地方,一旦金属板进入接近开关的检测范围,PLC 便发出一个输出信号,使下一个传送带的电动机投入工作,当金属板移出检测范围时,定时器开始计时,在达到整定时间时,上一个传送带电动机便停止运行。即只有载有金属板的传送带在运转,而未载有金属板的传送带则停止运行,这样就可节省能源。试用 PLC 实现上述要求的自动控制。

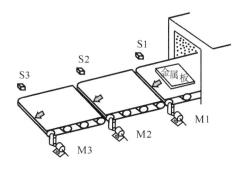

图(题 7.6)

7.3.2 自测练习参考答案(略)

7.4 关于教学方面的建议

重点讲述扫描工作方式和过程、内部编程元件、并行输出的思想、各指令的功能使用场合和使用方法、编程技巧。

另外,要尽力开出 PLC 实验(由学生自己设计程序并进行实验)。

第8章 电力电子学基础

8.1 知识要点

8.1.1 基本内容

1. 电力半导体器件

(1) 不可控型开关器件。大功率二极管即整流二极管属于不可控开关器件。当二极管阳极与阴极之间加上正向电压时,它就导通,正向导通时管压降一般为 0.8~1.0 V,相对被控制电压而言管压降可以忽略不计,相当于开关的闭合;当阳极与阴极之间加反向电压时,它就截止,反向电流可以忽略不计,相当于开关的断开。因此,大功率二极管又称为大功率开关管。

(2) 半控型开关器件。晶闸管(简称 SCR)是使用较广泛的一种半控型开关器件。要使晶闸管导通,必须在其阳极和控制极同时加正向电压,晶闸管导通以后,控制极就失去了控制作用。欲使晶闸管恢复阻断状态,必须把阳极正向电压降低到一定值(断开或反向)。晶闸管的伏安特性曲线是非线性的,为了正确选用晶闸管,了解它的主要参数至关重要。

(3) 全控型开关器件。全控型开关器件共同的特点是正向电压时,通过控制端可以控制器件的导通或截止,导通时相当于开关的闭合,截止时相当于开关的截止。

常用的全控型开关有门极可关断晶闸管(GTO)、电力晶体管(GTR)、电力场效应晶体管(FET)和绝缘栅双晶体管等。

2. 各种晶闸管可控整流电路的性能与选用

由晶闸管构成的可控整流电路可以把交流电变成大小可调的直流电。晶闸管可控整流电路的共同特点是通过改变控制角 α 来改变晶闸管的导通角 θ,以达到改变直流输出电压的目的。但是对于不同的整流电路、不同的控制角、不同性质的负载,这种变换具有不同的特点和指标。

各种整流电路的性能比较如表 8.1.1 所示。

表 8.1.1

整流主电路	单相半波	单相全波	单相半控桥	单相全控桥	晶闸管在负载侧的单相桥式	三相半波	三相半控桥	三相全控桥
主电路接线方式								
控制角 $\alpha=0$ 时空载直流输出电压平均值 U_{do}	$0.45U_2$	$0.9U_2$	$0.9U_2$	$0.9U_2$	$0.9U_2$	$1.17U_{2p}$	$2.34U_{2p}$	$2.34U_{2p}$
控制角 $\alpha \neq 0$ 时直流输出电压平均值 阻性或阻感性负载二极管续流的情况	$\frac{1+\cos\alpha}{2}U_{do}$	$\frac{1+\cos\alpha}{2}U_{do}$	$\frac{1+\cos\alpha}{2}U_{do}$	$\frac{1+\cos\alpha}{2}U_{do}$	$\frac{1+\cos\alpha}{2}U_{do}$	当 $0 \leqslant \alpha \leqslant \pi/6$ 时为 $U_{do}\cos\alpha$，当 $\pi/6 < \alpha < 5\pi/6$ 时为 $0.577U_{do}[1+\cos(\alpha+\pi/6)]$	$\frac{1+\cos\alpha}{2}U_{do}$	当 $0 \leqslant \alpha \leqslant \pi/3$ 时为 $U_{do}\cos\alpha$，当 $\pi/3 < \alpha \leqslant 2\pi/3$ 时为 $U_{do}[1+\cos(\alpha+\pi/3)]$
电阻+电感负载无续流二极管的情况	—	$U_{do}\cos\alpha$	$U_{do}\cos\alpha$	$U_{do}\cos\alpha$	—	$U_{do}\cos\alpha$	$\frac{1+\cos\alpha}{2}U_{do}$	$U_{do}\cos\alpha$
输出电压脉动频率	f	$2f$	$2f$	$2f$	$2f$	$3f$	$6f$	$6f$
晶闸管无件承受大正向电压	$\sqrt{2}U_2$	$\sqrt{2}U_2$	$\sqrt{2}U_2$	$\sqrt{2}U_2$	$\sqrt{2}U_2$	$\sqrt{6}U_{2p}$	$\sqrt{6}U_{2p}$	$\sqrt{6}U_{2p}$
晶闸管无件承受大反向电压	$\sqrt{2}U_2$	$2\sqrt{2}U_2$	$\sqrt{2}U_2$	$\sqrt{2}U_2$	$\sqrt{2}U_2$	$\sqrt{6}U_{2p}$	$\sqrt{6}U_{2p}$	$\sqrt{6}U_{2p}$
移相范围 纯阻性或阻感性负载有续流二极管的情况	$0 \sim \pi$	$0 \sim \pi$	$0 \sim \pi$	$0 \sim \pi$	$0 \sim \pi$	$0 \sim \frac{5\pi}{6}$	$0 \sim \pi$	$0 \sim \frac{2\pi}{3}$
电阻+电感大电感无续流二极管的情况	—	$0 \sim \frac{\pi}{2}$	$0 \sim \frac{\pi}{2}$	$0 \sim \frac{\pi}{2}$	$0 \sim \pi$	$0 \sim \frac{\pi}{2}$	$0 \sim \frac{\pi}{2}$	$0 \sim \frac{\pi}{2}$
晶闸管最大导通角	π	π	π	π	π	$2\pi/3$	$2\pi/3$	$2\pi/3$
适用场合	对电压波形要求不高的小电流负载	因缺点较多而使用较少	各项指标较好，适用于小功率负载	各项指标较好，适用于小功率负载	适用于小功率负载，但用于电感性负载下需加续流二极管	指标一般，但因元件耐压较大，较少采用	各项指标均较好，功率高电压负载	各项指标均较好，适用于大功率高电压负载

从表 8.1.1 可以看出,单相半波电路最简单,但各项指标都较差,只适用于小功率和输出电压波形要求不高的场合。单相桥式电路各项性能较好,只是电压脉动频率较大,故最适合小功率的电路。单相全波电路由于元件所承受的峰值电压较高,又需采用带中心抽头的变压器,所以较少使用。晶闸管在直流负载侧的单相桥式电路各项性能都较好,只用一只晶闸管,接线简单,一般用于小功率的反电动势负载。三相半波可控整流电路各项指标都一般,所以用得不多。三相桥式可控整流电路各项指标都好,在要求一定输出电压的情况下,元件承受的峰值电压最低,因此,最适合于大功率高压电路。所以,一般小功率电路应优先选用单相桥式电路,大功率电路应优先考虑三相桥式电路,只有在某些特殊情况下才选用其他电路。例如,若负载要求功率很小,各项指标要求不高,可采用单相半波电路。

至于桥式电路是选用半控桥还是选用全控桥,要根据电路的要求决定。如果要求电路不仅能工作于整流状态,同时还能工作于逆变状态,则选用全控桥。直流电动机负载一般也采用全控桥,一般要求不高的负载可采用半控桥。

以上提出的仅是选用的一般原理,具体选用时,应根据负载性质、容量大小、电源情况、元件的准备情况等进行具体分析比较,全面衡量后再确定。

3. 晶闸管可控整流电路中晶闸管额定通态平均电流 I_T 的选择

由式 $I_e=1.57I_T$ 知,$I_T=\dfrac{I_e}{K}=\dfrac{I_e}{1.57}$。但由于通过晶闸管的电流波形,在各种不同整流电路、不同性质的负载和不同的导通角 θ 时是不一样的,所以波形系数 K 也不同。不同电路 $\alpha=0$ 的 K 值如表 8.1.2 所示,表中 m 为并联支路数。单相(半波、全波、桥式)电路纯阻性负载在不同 $\alpha(\theta=\pi-\alpha)$ 时的 K 值如表 8.1.3 所示。

表 8.1.2

电路类型	单相半波	单相全波		单相桥式		三相半波	三相桥式
		用两只 SCR	用一只 SCR	用两只或四只 SCR	用一只 SCR		
K	1.57	1.57	1.11	1.57	1.11	1.73	1.73
m	1	2	1	2	1	3	3

表 8.1.3

控制角 α	0°	30°	60°	90°	120°	150°	180°
波形系数 K	1.57	1.66	1.88	2.22	2.78	3.99	—

例如,在单相半波电路中,当负载为纯阻性时,输出电压(即负载上电压)平均值为

$$U_d = \frac{1}{2\pi}\int_\alpha^\pi \sqrt{2}U_2\sin(\omega t)\mathrm{d}(\omega t) = 0.45U_2\frac{1+\cos\alpha}{2}$$

输出电压的有效值为

$$U_e = \sqrt{\frac{1}{2\pi} \int_\alpha^\pi \left[\sqrt{2}U_2 \sin(\omega t)\right]^2 d(\omega t)}$$

$$= U_2 \sqrt{\frac{1}{4\pi}\sin 2\alpha + \frac{\pi - \alpha}{2\pi}}$$

通过晶闸管的电流(也是负载电流)平均值为

$$I_d = \frac{U_d}{R} = 0.45 \frac{U_2}{R} \times \frac{1 + \cos\alpha}{2}$$

通过晶闸管的电流(也是负载电流)有效值为

$$I_e = \frac{U_e}{R} = \frac{U_2}{R} \sqrt{\frac{1}{4\pi}\sin 2\alpha + \frac{\pi - \alpha}{2\pi}}$$

波形系数为

$$K = \frac{I_e}{I_d} = \left(\frac{U_2}{R}\sqrt{\frac{1}{4\pi}\sin 2\alpha + \frac{\pi - \alpha}{2\pi}}\right) \Big/ \left(0.45 \frac{U_2}{R} \times \frac{1 + \cos\alpha}{2}\right)$$

$$= \left(\sqrt{\frac{1}{4\pi}\sin 2\alpha + \frac{\pi - \alpha}{2\pi}}\right) \Big/ \left(0.45 \times \frac{1 + \cos\alpha}{2}\right) \tag{8.1.1}$$

当 $\alpha = 0°$ 时,$K = 1.57$;当 $\alpha = \pi/6 = 30°$ 时,$K = 1.66$。

(注意:式(8.1.1)中 $\frac{\pi - \alpha}{2\pi}$ 的 α 要用弧度表示,$30° = 0.523$ rad。)

对一个晶闸管而言,在纯阻性负载情况下,式(8.1.1)也适合于单相全波(用两只 SCR)、单相桥式(用两只或四只 SCR)电路。在感性负载或电动机负载情况下,由于电流的连续性,按等效发热电流(有效值)选元件,故电流的波形系数 K 要略小一些。

三相(半波、桥式)电路感性负载或电动机负载情况下,由于电流的连续性,每个晶闸管元件的导通角总是 $\theta = 2\pi/3 = 120°$,而与控制角 α 无关,所以电流的波形系数 K 是相同的。在纯阻性负载情况下,电流的波形系数 K 则与控制角 α 有关。

总之,一般对各种晶闸管可控整流电路,每个晶闸管元件所允许通过的电流平均值为

$$I'_T = \frac{I_d K}{1.57 m} \tag{8.1.2}$$

式中 I_d——最大负载电流(平均电流);

K——流过晶闸管电流的波形系数;

m——晶闸管电路的并联支路数。

I_d 是由晶闸管电路的输出电压 U_d(平均值)算出来的,或是负载所要求的直流电流 I(对有续流二极管的电路,还要减去通过续流二极管的平均电流)。

考虑安全系数 $1.5 \sim 2$,故实选晶闸管的额定通态平均电流 $I_T = (1.5 \sim 2) I'_T$。

4. 逆变器

逆变器的工作是把直流电变成交流电,这一过程是整流器工作的逆过程。逆变器分有源

逆变器和无源逆变器。有源逆变器主要用于直流电动机的可逆调速等场合；无源逆变器通常用作变频器，主要用于交流电动机变频调速系统。为了实现既可调频又能调压的目的，对逆变器必须进行电压控制。控制电压可以从逆变器的外部或内部进行，改变直流输入电压是从外部进行控制，而脉宽控制和脉宽调制则是从逆变器内部进行的。在逆变器中为了能使晶闸管关断，一般要设置专门环节进行强迫关断和换流。

5. 晶闸管的触发电路

触发电路是供给晶闸管所需触发电压之用，为保证触发可靠，对触发电路的主要要求是：脉冲幅度足够大且有一定的脉宽，脉冲前沿陡且具有一定的触发功率，移相范围足够宽且与主电源同步等。

触发电路的种类很多，各种触发器一般都是由同步波形产生、移相控制与脉冲形成三个环节组成。目前用得最多的是集成触发电路。

6. 晶闸管的串、并联与保护

为了满足大容量生产机械拖动控制的需求，晶闸管要进行串、并联应用。为克服晶闸管性能参数分散性对串、并联应用中的影响，必须采取均流、均压措施。过载能力较差是晶闸管的缺点，所以使用时要采取过流、过压保护。

8.1.2 基本要求

(1)掌握晶闸管的基本工作原理、特性和主要参数的含义。

(2)掌握几种单相和三相基本可控整流电路的工作原理及其特点(特别是在不同性质负载下的工作特点)。

(3)熟悉逆变器的基本工作原理、用途和控制。

(4)了解晶闸管工作时对触发电路的要求和触发电路的基本工作原理。

8.1.3 重点与难点

1. 重点

(1)晶闸管的导通与关断条件，可控性。

(2)晶闸管单相和三相基本可控整流电路在不同性质负载下的工作特点。

(3)晶闸管额定通态平均电流 I_T 的含义，以及基本可控整流电路中 I_T 和额定电压的选择。

2. 难点

(1)整流电路接感性负载、电动势负载时的工作情况。

(2)额定通态平均电流 I_T 的选择。

(3)逆变器的工作原理。

8.2 例题解析

例 8.1 已知可控整流电路的电流波形有如图(例 8.1)所示的三种形状(阴影部分为导通区),各种波形的最大值均为 I_m,试计算各种波形电流平均值 I_{d1}、I_{d2}、I_{d3},电流有效值 I_{e1}、I_{e2}、I_{e3},它们的波形系数 K_1、K_2、K_3 和允许的电流平均值 I_{T1}、I_{T2}、I_{T3}。如果选用额定通态平均电流 $I_T = 100$ A 的晶闸管,是否能满足要求?

解 (1) 对于图(a),有

$$I_{d1} = \frac{1}{2\pi} \int_{\pi/3}^{\pi} I_m \sin(\omega t) \mathrm{d}(\omega t) = \frac{3}{4\pi} I_m$$

$$I_{e1} = \sqrt{\frac{1}{2\pi} \int_{\pi/3}^{\pi} [I_m \sin(\omega t)]^2 \mathrm{d}(\omega t)} = 0.45 I_m$$

$$K_1 = \frac{I_{e1}}{I_{d1}} = \frac{0.45 I_m}{\frac{3}{4\pi} I_m} = 1.88$$

根据有效值相等的原则,有

$$I_{T1} = \frac{1.57}{1.88} \times 100 \text{ A} = 84 \text{ A}$$

因为 $K_1 > 1.57$,所以,100 A 晶闸管的允许电流平均值小于 100 A,不能满足要求。

(2) 对于图(b),有

$$I_{d2} = \frac{1}{\pi} \int_0^{\pi} I_m \sin(\omega t) \mathrm{d}(\omega t) = \frac{2}{\pi} I_m$$

$$I_{e2} = \sqrt{\frac{1}{\pi} \int_0^{\pi} [I_m \sin(\omega t)]^2 \mathrm{d}(\omega t)} = \frac{I_m}{\sqrt{2}}$$

$$K_2 = \frac{I_{e2}}{I_{d2}} = \frac{I_m/\sqrt{2}}{(2/\pi)I_m} = \frac{\pi}{2\sqrt{2}} = 1.11$$

$$I_{T2} = \frac{1.57}{1.11} \times 100 \text{ A} = 141 \text{ A}$$

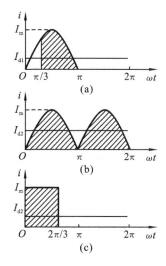

图(例 8.1)

因为 $K_2 < 1.57$,所以,100 A 的晶闸管允许的电流平均值大于 100 A,能满足要求。

(3) 对于图(c),有

$$I_{d3} = \frac{1}{2\pi} \int_0^{2\pi/3} I_m \mathrm{d}(\omega t) = \frac{I_m}{3}$$

$$I_{e3} = \sqrt{\frac{1}{2\pi} \int_0^{2\pi/3} I_m^2 \mathrm{d}(\omega t)} = \frac{I_m}{\sqrt{3}}$$

$$K_3 = \frac{I_{e3}}{I_{d3}} = \frac{I_m/\sqrt{3}}{I_m/3} = \frac{3}{\sqrt{3}} = 1.73$$

$$I_{T3} = \frac{1.57}{1.73} \times 100 \text{ A} = 90.8 \text{ A}$$

因为 $K_3 > 1.57$，所以，100 A 的晶闸管允许的电流平均值小于 100 A，不能满足要求。

通过上述分析可知，不同波形的电流平均值、有效值、波形系数都是不一样的，所以额定电流为 100 A 的晶闸管在不同电流波形时所允许的电流平均值也是不同的。

例 8.2　如图（例 8.2）所示，在单相半波可控整流电路中，设负载为纯阻性，交流电源电压 U_2 为 220 V，输出的直流平均电压 $U_d = 50$ V，输出电流平均值 $I_d = 20$ A。

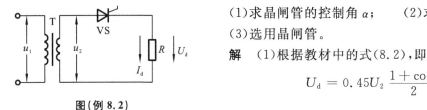

图（例 8.2）

(1) 求晶闸管的控制角 α；　　(2) 求电流有效值 I_e；
(3) 选用晶闸管。

解　(1) 根据教材中的式(8.2)，即

$$U_d = 0.45 U_2 \frac{1 + \cos\alpha}{2}$$

有

$$\cos\alpha = \frac{2U_d}{0.45 U_2} - 1 = \frac{2 \times 50}{0.45 \times 220} - 1 = \frac{100}{99} - 1 \approx 0$$

$$\alpha \approx 90°$$

(2) 查表 8.1.3 知，电流波形系数 $K = 2.22$，故电流有效值为

$$I_e = K I_d = 2.22 \times 20 \text{ A} = 44.4 \text{ A}$$

(3) 由式(8.1.2)得，每个晶闸管所允许的电流平均值为

$$I'_T = \frac{I_d K}{1.57 m} = \frac{20 \times 2.22}{1.57 \times 1} \text{ A} = \frac{44.4}{1.57} \text{ A} = 28.3 \text{ A}$$

考虑晶闸管的安全系数，一般取

$$I_T = (1.5 \sim 2) I'_T = (1.5 \sim 2) \times 28.3 \text{ A} = 42.5 \sim 56.6 \text{ A}$$

故选 I_T 为 50 A。

晶闸管最大反向电压为

$$U_m = \sqrt{2} U_2 = \sqrt{2} \times 220 \text{ V} = 311 \text{ V}$$

考虑安全系数为 $2 \sim 3$，故断态和反向重复峰值电压为

$$U_{DRM} = (2 \sim 3) \times 311 \text{ V} = 622 \sim 933 \text{ V}$$

取额定电压为 700 V，故选用 3CT50/700 型晶闸管。

例 8.3　如图（例 8.3）所示，有一单相半控桥整流电路，带感性负载并有续流二极管，负载电阻 $R_L = 5$ Ω。电源电压 $U_2 = 220$ V，晶闸管的控制角 $\alpha = 60°$。

(1) 求输出直流电压；　　(2) 求晶闸管和二极管的电压、电流；　　(3) 选用晶闸管。

解　(1) 根据教材中的式(8.6)，输出直流电压为

$$U_d = 0.9U_2 \frac{1+\cos\alpha}{2} = 0.9 \times 220 \times \frac{1+\cos 60°}{2} \text{ V}$$
$$= 148.5 \text{ V}$$

(2) 负载电流为
$$I_d = \frac{U_d}{R_L} = \frac{148.5}{5} \text{ A} \approx 30 \text{ A}$$

图(例 8.3)

晶闸管及二极管导通角为
$$\theta = 180° - \alpha = 180° - 60° = 120°$$

续流管导通角为
$$\theta_{V3} = 2\pi - 2\theta = 360° - 240° = 120°$$

晶闸管和二极管电流的平均值为
$$I_{dVS} = I_{dV} = \frac{\theta}{2\pi} I_d = \frac{120°}{360°} \times 30 \text{ A} = 10 \text{ A}$$

晶闸管和二极管电流的有效值为
$$I_e = \sqrt{\frac{1}{2\pi} \int_{\frac{\pi}{3}}^{\pi} I_d^2 \text{d}(\omega t)} = \sqrt{\frac{1}{2\pi}\left(\pi - \frac{\pi}{3}\right) I_d^2}$$
$$= \sqrt{\frac{\theta}{2\pi}} I_d = \sqrt{\frac{120°}{360°}} \times 30 \text{ A} = 17.3 \text{ A}$$

电流的波形系数为
$$K = \frac{I_e}{I_{dVS}} = \frac{17.3}{10} = 1.73$$

续流管的平均电流为
$$I_{dV3} = \frac{2\pi - 2\theta}{2\pi} I_d = \frac{\theta_{V3}}{2\pi} I_d = \frac{120°}{360°} \times 30 \text{ A} = 10 \text{ A}$$

由式(8.1.2)得,每个晶闸管所允许的电流平均值为
$$I'_T = \frac{(I_d - I_{dV3})K}{1.57m} = \frac{(30-10) \times 1.73}{1.57 \times 2} \text{ A} = \frac{17.3}{1.57} \text{ A} = 11 \text{ A}$$

考虑安全系数,则电流定额为
$$I_T = (1.5 \sim 2) \times 11 \text{ A} = 16.5 \sim 22 \text{ A}$$

取 $I_T = 20$ A。

晶闸管的最大反向电压为
$$U_m = \sqrt{2} U_2 = \sqrt{2} \times 220 \text{ V} = 311 \text{ V}$$

其额定电压为
$$U_N = U_{DRM} = U_{RRM} = (2 \sim 3) \times 311 \text{ V} = 622 \sim 933 \text{ V}$$

取 $U_{DRM} = 700$ V。

(3) 根据以上计算结果,选用 3CT20/700 型晶闸管、2CZ 20-500 型二极管。

例 8.4 图(例 8.4)所示电路负载为一反电动势负载,电感器的 L 足够大,电流 i_L 的波形接近一水平线,电源电压 U_2 为 220 V,$\alpha=90$,负载电流为 50 A。试选用晶闸管和二极管。

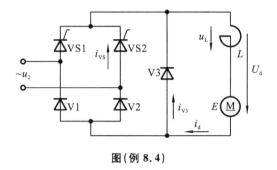

图(例 8.4)

解 当电感器的电感量足够大时,电流波形接近水平线。每个晶闸管的导通角为
$$\theta=180°-\alpha=180°-90°=90°$$
续流管每周期导电两次,导通角为
$$\theta_{V3}=360°-2\theta=360°-2\times 90°=180°$$
晶闸管和二极管的平均电流为
$$I_{dVS}=I_{dV}=\frac{\theta}{2\pi}I_d=\frac{90°}{360°}\times 50 \text{ A}=12.5 \text{ A}$$
续流管的平均电流为
$$I_{dV3}=\frac{\theta_{V3}}{2\pi}I_d=\frac{180°}{360°}\times 50 \text{ A}=25 \text{ A}$$
晶闸管和整流二极管的电流有效值为
$$I_e=\sqrt{\frac{\theta}{360°}}I_d=\sqrt{\frac{90°}{360°}}\times 50 \text{ A}=25 \text{ A}$$
通过晶闸管电流的波形系数为
$$K=\frac{I_e}{I_{dVS}}=\frac{25}{12.5}=2$$
晶闸管的允许电流平均值为
$$I'_T=\frac{(I_d-I_{dV3})K}{1.57m}=\frac{(50-25)\times 2}{1.57\times 2} \text{ A}=16 \text{ A}$$
考虑安全系数,则额定电流为
$$I_T=(1.5\sim 2)I'_T=24\sim 32 \text{ A}$$
取 $I_I=30$ A。

续流二极管电流的有效值为

$$I_{eV3} = \sqrt{\frac{\theta_{V3}}{360°}} I_d = \sqrt{\frac{180°}{360°}} \times 50 \text{ A} = 35.4 \text{ A}$$

取 $I_{eV3} = 40$ A。

晶闸管和整流二极管承受的最大反向电压为

$$U_m = \sqrt{2} U_2 = \sqrt{2} \times 220 \text{ V} = 311 \text{ V}$$

故额定电压为

$$U_N = (2 \sim 3) U_m = (2 \sim 3) \times 311 \text{ V} = 622 \sim 933 \text{ V}$$

取 $U_N = 700$ V。

选用 3CT30/700 型晶闸管,选用 2CZ30/500 型二极管(V1、V2),选用 2CZ40/500 型续流二极管(V3)。

例 8.5 要在某一纯阻性负载上得到 0~60 V 电压、2~10 A 电流,采用单相桥式半控整流接线,如直接由 220 V 电网供电,试计算晶闸管的导通角、电流平均值、电流有效值、交流侧电流与电源容量。如果经变压器供电,试计算变压器的次级电压、变比、一次电流与容量。比较两种情况的优缺点。

解 (1) 直接由 220 V 电网供电。由教材中的式(8.6)知,输出电压平均值为

$$U_d = 0.9 U \frac{1 + \cos\alpha}{2}$$

故

$$\cos\alpha = \frac{2U_d}{0.9U} - 1 = \frac{2 \times 60}{0.9 \times 220} - 1 = 0.606 - 1 = -0.394$$

控制角为 $\quad\quad\quad\quad\quad\quad\quad\quad \alpha = 113.2° = 1.976$ rad

导通角为 $\quad\quad\quad\quad\quad\quad\quad\quad \theta = 180° - 113.2° = 66.8°$

每个晶闸管的电流平均值为

$$I_{dVS} = \frac{I_d}{2} = \frac{10}{2} \text{ A} = 5 \text{ A}$$

输出电压的有效值为

$$U_e = \sqrt{\frac{1}{\pi} \int_\alpha^\pi [\sqrt{2} U \sin(\omega t)]^2 d(\omega t)} = U \sqrt{\frac{1}{2\pi} \sin 2\alpha + \frac{\pi - \alpha}{\pi}}$$

直流输出的电流有效值与交流输入的电流有效值应该是一样的,即

$$I = \frac{U_e}{R} = \frac{U}{R} \sqrt{\frac{1}{2\pi} \sin 2\alpha + \frac{\pi - \alpha}{\pi}}$$

因 $\quad \sin 2\alpha = \sin 226.4° = -\sin 46.4° = -0.7242, \quad R = \frac{60}{10} \Omega = 6 \Omega$

故

$$I = \frac{220}{6} \sqrt{\frac{1}{2\pi} \times (-0.7242) + \frac{3.1416 - 1.976}{3.1416}} \text{ A}$$

$$= 36.67 \sqrt{-0.1153 + 0.371} \text{ A} = 36.67 \sqrt{0.256} \text{ A} = 18.6 \text{ A}$$

每个晶闸管的电流有效值与单相半波电路一样,即

$$I_e = \frac{U}{R}\sqrt{\frac{1}{4\pi}\sin(2\alpha) + \frac{\pi-\alpha}{2\pi}} = \frac{I}{\sqrt{2}} = \frac{18.6}{\sqrt{2}} \text{ A} = 13.15 \text{ A}$$

电源容量为

$$S = UI = 220 \times 18.6 \text{ V·A} = 4092 \text{ V·A} \approx 4.1 \text{ kV·A}$$

有功功率为

$$P = I^2 R = 18.6^2 \times 6 \text{ W} = 2.08 \text{ kW}$$

功率因数为

$$\cos\varphi = \frac{P}{S} \approx 0.5$$

(2) 经变压器供电。设计时可先确定变压器二次电压,如果晶闸管全导通时 $U_d/U_2 = 0.9$,输出 $U_d = 60$ V,则要求交流电压 $U_2 = \frac{60}{0.9}$ V $= 66.7$ V,考虑到管压降、变压器漏抗压降等因素,应适当将 U_2 提高到 75 V。求解步骤如下:

因

$$\cos\alpha = \frac{2U_d}{0.9U_2} - 1 = \frac{2 \times 60}{0.9 \times 75} - 1 = 0.778$$

故

$$\alpha = 38.9°$$

此时变压器副边电流有效值 I_2(即直流输出电流有效值 I)为

$$I_2 = I = \frac{U_2}{R}\sqrt{\frac{1}{2\pi}\sin(2\alpha) + \frac{\pi-\alpha}{\pi}} = \frac{75}{6}\sqrt{\frac{1}{2\pi}\sin 77.8° + \frac{180°-38.9°}{180°}} \text{ A}$$

$$= 12.5\sqrt{0.1555 + 0.7839} \text{ A} = 12.5\sqrt{0.939} \text{ A} = 12 \text{ A}$$

每个晶闸管电流有效值为

$$I_e = \frac{I}{\sqrt{2}} = \frac{12}{\sqrt{2}} \text{ A} = 8.5 \text{ A}$$

变压器的变比为

$$K = \frac{U_1}{U_2} = \frac{220}{75} = 2.93$$

变压器原边的电流(忽略激磁电流)为

$$I_1 = 12 \times \frac{75}{220} \text{ A} = 4.09 \text{ A}$$

电源容量为

$$S = UI_1 = 220 \times 4.09 \text{ V·A} = 900 \text{ V·A}$$

有功功率为

$$P = I^2 R = 12^2 \times 6 \text{ W} = 864 \text{ W}$$

功率因数为

$$\cos\varphi = \frac{P}{S} = \frac{864}{900} = 0.96$$

通过计算可以看出：如果要求负载电压较低，直接用晶闸管从较高电源电压整流，则要求的电源容量大，功率因数低，效率也低，且控制角 α 较大，结果使得电流有效值较大，电流的波形也较差，对电网的干扰较大，优点是省了变压器，故体积小，重量轻；用变压器降低电压后再供给可控整流电路进行整流，各项电性能指标均可大大改善，并可将交流系统与直流系统隔离开，缺点是体积和重量加大。在实际选用方案时必须权衡利弊，全面考虑，一般最好不考虑用晶闸管从较高电源电压整流。

例 8.6 由电网电压(380 V)经变压器降压供电的三相半控桥式可控整流电路，负载为感性且电感量足够大，变压器副边相电压为 100 V。要求输出负载电流 $I_d=110$ A，试选用晶闸管。

解 在三相桥式整流电路中，每个晶闸管的导通角 $\theta=2\pi/3=120°$，流过每臂元件的等效发热电流(即有效值电流)为

$$I_e = \sqrt{\frac{1}{2\pi}\int_0^{\frac{2\pi}{3}} i_d^2 \mathrm{d}(\omega t)}$$

由于负载电感量足够大，电流波形可近似为一水平线，所以

$$I_e = \sqrt{\frac{1}{2\pi}\int_0^{\frac{2\pi}{3}} I_d^2 \mathrm{d}(\omega t)} = \frac{1}{\sqrt{3}} I_d$$

故折算到 $\alpha=0°$ 时的电流平均值为

$$I_T' = \frac{I_e}{1.57} = \frac{I_d}{1.57\sqrt{3}} \qquad (\text{例 8.6})$$

而通过每个晶闸管的电流平均值为

$$I_{dVS} = I_d/3$$

故波形系数为

$$K = \frac{I_e}{I_{dVS}} = \frac{1}{\sqrt{3}} I_d \bigg/ \frac{I_d}{3} = \sqrt{3} = 1.73$$

若将 K 代入式(8.1.2)，也可得到

$$I_T' = \frac{I_d K}{1.57m} = \frac{I_d \times 1.73}{1.57 \times 3} = \frac{I_d}{1.57\sqrt{3}}$$

可见，式(例 8.6)与式(8.1.2)、表(8.1.2)都是一致的。

考虑安全系数，则选晶闸管的额定电流为

$$I_T = (1.5 \sim 2) I_T' = (1.5 \sim 2) I_d/(1.57\sqrt{3})$$
$$= (1.5 \sim 2) \times \frac{110}{1.57 \times 1.73} \text{ A} = 60.7 \sim 81 \text{ A}$$

取 $I_T = 100$ A。

晶闸管承受的最大反向电压为

$$U_\mathrm{m} = \sqrt{2} \times \sqrt{3} U_2 = \sqrt{6} U_2 = 2.45 \times 100 \text{ V} = 245 \text{ V}$$

考虑安全系数,则选晶闸管的额定电压为

$$U_\mathrm{N} = U_\mathrm{DRM} = U_\mathrm{RRM} = (2 \sim 3) U_\mathrm{m} = (2 \sim 3) \times 245 \text{ V} = 490 \sim 735 \text{ V}$$

取 $U_\mathrm{DRM} = 700$ V。

选用 3CT100/700 型晶闸管。

例 8.7 一车床主轴调速系统由直流电动机拖动,电动机的电压 $U_\mathrm{N} = 220$ V,额定电流 $I_\mathrm{N} = 40$ A,额定功率 $P_\mathrm{N} = 7.5$ kW,额定转速 $n_\mathrm{N} = 1500$ r/min。采用三相半控桥式可控整流电路,交流电源由 380 V 电网经 △/Y 接线方式的变压器降压供电。

(1)求变压器副边相电压、相电流的有效值和容量; (2)选用晶闸管。

解 (1)输出电压的平均值为

$$U_\mathrm{d} = 2.34 U_{2\mathrm{p}} \cos\alpha$$

因电动机负载有滤波电感器,电流波形近似一水平线,且控制角 $\alpha = 0°$ 时 $U_\mathrm{d} = 220$ V 为最大,故

$$U_{2\mathrm{p}} = \frac{U_\mathrm{d}}{2.34} = \frac{220}{2.34} \text{ V} = 94 \text{ V}$$

考虑到变压器、电感器和晶闸管的内压降等,取变压器副边相电压有效值为

$$U_2 = 1.1 U_{2\mathrm{p}} = 1.1 \times 94 \text{ V} = 103 \text{ V}$$

变压器副边电流有效值为

$$I_2 = \sqrt{\frac{1}{T}\left[I_\mathrm{d}^2 \frac{T}{3} + (-I_\mathrm{d})^2 \frac{T}{3}\right]} = \sqrt{\frac{2}{3}} I_\mathrm{d} = 0.82 \times 40 \text{ A} = 32.8 \text{ A}$$

则

$$S = 3 U_2 I_2 = 3 \times 103 \times 32.8 \text{ V} \cdot \text{A} = 10.1 \text{ kV} \cdot \text{A}$$

(2)每只晶闸管的导通角 $\theta = 120$,允许的电流平均值为

$$I'_\mathrm{T} = \frac{I_\mathrm{d} K}{1.57 m} = \frac{40 \times 1.73}{1.57 \times 3} \text{ A} = 14.7 \text{ A}$$

考虑安全系数,则选晶闸管的额定电流为

$$I_\mathrm{T} = (1.5 \sim 2) I'_\mathrm{T} = (1.5 \sim 2) \times 14.7 \text{ A} = 22 \sim 29.4 \text{ A}$$

取 $I_\mathrm{T} = 30$ A。

晶闸管承受的最大反向电压为

$$U_\mathrm{m} = \sqrt{6} U_2 = 2.45 \times 103 \text{ V} = 252 \text{ V}$$

考虑安全系数,则选晶闸管的额定电压为

$$U_\mathrm{N} = U_\mathrm{DRM} = U_\mathrm{RRM} = (2 \sim 3) U_\mathrm{m} = (2 \sim 3) \times 252 \text{ V} = 504 \sim 756 \text{ V}$$

取 $U_\mathrm{DRM} = 700$ V。

选用 3CT30/700 型晶闸管。

8.3 学习自评

8.3.1 自测练习

8.1 晶闸管的导通条件是什么？导通后流过晶闸管的电流取决于什么？晶闸管由导通转变为关断的条件是什么？关断后它能承受的电压大小取决于什么？关断后它所承受的电压大小取决于什么？（提示：它"能承受"与它"所承受"是不一样的。）

8.2 如图（题8.2）所示，若在时刻 t_1 合上开关 S，时刻 t_2 断开 S，试画出负载电阻 R 上的电压波形和晶闸管上的电压波形。（提示：注意晶闸管的导通与关断条件。）

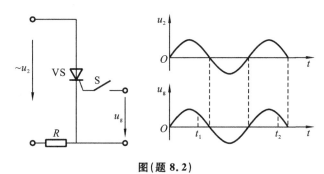

图（题8.2）

8.3 有一单相半波可控整流电路，其交流电源电压 $U_2=220$ V，负载电阻 $R_L=10$ Ω。
(1) 求输出电压平均值 U_d 的调节范围；
(2) 当 $\alpha=\pi/3$ 时，输出电压平均值 U_d、电流平均值 I_d、电流有效值 I_e 为多少？
(3) 选用晶闸管。

8.4 一电热设备（电阻负载）要求直流电压 $U_d=30$ V，电流 $I_d=20$ A，采用单相半控桥式整流电路，交流电源由 220 V 电网经变压器供电。
(1) 求变压器的副边电压、电流及容量； (2) 选用晶闸管。

8.5 一单相半控桥式整流电路，当控制角 $\alpha=0$ 时，直流输出电压 $U_d=150$ V，直流输出电流 $I_d=50$ A。
(1) 当负载为电阻时，如果直流输出电压降低一半，控制角 α 等于多少？
(2) 当负载为电感时，如果直流输出电压降低一半，在有续流二极管和没有续流二极管两种情况下，晶闸管的导通角 θ 为多少？选择各整流元件型号，并确定电源变压器副边绕组的电压和电流。
(3) 当负载为反电动势且反电动势 $E=120$ V 时，这时晶闸管的最小控制角为多大？
（提示：直流输出电压降低一半是靠改变晶闸管的控制角 α 的大小来实现的，而电源变压器副边电压是不变的。)

8.6 整流电路如图(例8.4)所示,其中接有反电动势负载,电感量足够大,使电流波形接近水平线,电源电压为220 V,控制角 $\alpha=60°$,负载电流为30 A,计算晶闸管、续流二极管的平均电流,交流电源的电流有效值、容量及功率因数。(提示:负载上消耗的有功功率可以近似地用 $P=U_d I_d$ 求得。)

8.7 在三相半波和三相桥式全控两种三相整流电路中,晶闸管的导通角各是多少? 它与控制角大小是否有关? 晶闸管承受的正向电压和反向电压的大小与输入线电压的关系是什么? 与控制角大小是否有关?

8.8 由交流380 V(线电压)直接供电的三相半控桥式可控整流电路,负载为感性且电感量足够大,输出直流电压 $U_d=0\sim450$ V,输出直流电流 $I_d=200$ A,试选用晶闸管。

8.9 有一直流调速系统,采用三相半控桥式整流电路,交流电源由380 V电网经变压器($\triangle$/Y 接线方式)供电,直流电动机的额定 $U_N=220$ V,额定电流 $I_N=24$ A,额定功率 $P_N=4.5$ kW,额定转速 $n_N=1000$ r/min。

(1)求变压器副边相电压、相电流有效值和容量; (2)选用晶闸管。

8.10 如何根据单结晶体管的基本结构,利用一个万用表的电阻挡来判断一个三端半导体元件是单结晶体管而不是普通的晶体管? (提示:单结晶体管的两个基极之间相当于一个阻值一定的纯电阻。)

8.11 单结晶体管自振荡电路的振荡频率是由什么决定的? 为获得较高的振荡频率,减小充电电阻 R 与减小电容 C 效果是否一样? R、C 的下限受哪些因素的限制? 为什么?

8.3.2 自测练习参考答案

8.1、8.2 (略)

8.3 (1)$U_d=0\sim99$ V; (2)$U_d=74.25$ V,$I_d=7.42$ A,$I_e=13.9$ A;
(3)$I_T=13.3\sim17.7$ A,$U_{DRM}=622\sim933$ V,选用 3CT20/800 型晶闸管。

8.4 (1)取 $U_2=38$ V,$I_2=24.4$ A,$S=924$ V·A,取 1 kV·A;
(2)$I_T=16.5\sim22$ A,选 20 A,$U_{DRM}=108\sim162$ V,选 200 V,选用 3CT20/200 型晶闸管。

8.5 (1)$\alpha=90°$;
(2)有续流二极管时,$\theta=90$;$I_T=23.9\sim31.8$ A,取 $I_T=30$ A;$U_{DRM}=472\sim709$ V,取 $U_{DRM}=700$ V,选用 3CT30/700 型晶闸管,选用 2CZ30/500 型二极管,选用 2CZ40/500 型续流二极管。
没有续流二极管时,$\theta=180°$;$I_T=33.7\sim45$ A,取 $I_T=50$ A。选用 3CT50/700 型晶闸管,选用 2CZ50/500 型二极管,电源变压器副边电压 $U_2=167$ V,副边电流 $I_2=35.4$ A。

(3) 最小控制角 $\alpha_{min} = 30.86°$。

8.6 晶闸管的平均电流 $I_{dvs} = 10$ A，续流二极管的平均电流 $I_{dv3} = 10$ A，交流电源的电流有效值 $I = 24.5$ A，电源容量 $S = 5.4$ kV·A，$\cos\varphi = 0.826$。

8.7 （略）

8.8 $I_T = 111 \sim 148$ A，选 $I_T = 150$ A；$U_{DRM} = 1075 \sim 1612$ V，选 $U_{DRM} = 1500$ V。选用 3CT150/1500 型晶闸管。

8.9 (1) 取 $U_2 = 103$ V，$I_2 = 19.7$ A，$S = 6$ kV·A；

(2) $I_T = 13.2 \sim 17.6$ A，取 $I_T = 20$ A；$U_{DRM} = 504 \sim 756$ V，取 $U_{DRM} = 700$ V。选用 3CT20/700 型晶闸管。

8.10、8.11 （略）

8.4 关于教学方面的建议

主要讲授晶闸管导通和关断的条件、额定通态平均电流和波形系数的含义、基本可控整流电路在不同负载情况下电压和电流的波形分析；强调有源逆变与无源逆变的区别，对无源逆变器主要抓住在 U/f 为常数的情况下，调频的同时如何调压、如何获得正弦波电压、如何实现晶闸管的关断三个问题；触发电路只简要介绍单结晶体管触发电路；至于晶闸管的串、并联和保护问题主要由学生自学。

第 9 章 直流调速系统

9.1 知识要点

9.1.1 基本内容

1. 在自动调速系统中,扩大调速范围 D 的基本方法

机电传动控制系统是由电动机、电器、电子部件等基础环节组合而成,能控制生产机械实现调速的控制系统,亦称自动调速系统。在调速系统中,电动机所能达到的调速范围 $D = \frac{n_{max}}{n_{min}}$,其中 n_{max} 是电动机在额定负载下所允许的最高转速,而 n_{min} 是在保证生产机械对转速变化率 S(即静差度, $S = \frac{\Delta n_N}{n_{0min}} \times 100\% = \frac{\Delta n_N}{n_{02}} \times 100\% = \frac{n_{02} - n_{min}}{n_{02}} \times 100\%$)的要求这一前提下所能达到的最低转速,也就是说,调速系统的 S 要小于或等于生产机械要求的 $S_生$($S_2 \leqslant S_生$),才能谈及调速范围。根据 $D = \frac{n_{max} S}{\Delta n_N (1-S)}$ 可知,在 n_{max} 与 S 一定时,设法减小转速降 Δn_N 就可扩大调速范围 D,闭环控制系统(亦称反馈控制系统)能起到这个作用。

2. 机电传动控制系统调速方案的选择

生产机械对调速系统所提出的调速技术指标有静态的,也有动态的。静态技术指标主要有静差度 S、调速范围 D 和调速的平滑性等;动态技术指标主要有最大超调量 M_P、过渡过程时间 T 和振荡次数等。各种生产机械对上述指标的要求不尽相同,因此,必须根据生产机械的特点和工厂的实际情况来合理地选择自动调速系统。值得特别注意的是,生产机械在调速过程中一般有恒转矩和恒功率型两类负载特性,而电动机的调速方法也有恒转矩性质的和恒功率性质的两类,一般负载为恒转矩型的生产机械应尽可能选用恒转矩性质的调速方式,负载为恒功率型的生产机械应尽可能选用恒功率性质的调速方式,否则,电动机将得不到最充分的利用或将严重过载。

3. 单闭环有静差调速系统

晶闸管-电动机直流调速系统是目前应用得最为广泛的控制系统。常用的有单闭环直流调速系统、双闭环直流调速系统和可逆系统。单闭环直流调速系统常分为静差调速系统和无静差调速系统。

(1)性质。单闭环有静差调速系统中采用比例调节器。该系统有以下性质：

① 在相同的负载电流下，闭环系统的静态转速降仅为开环系统转速降的 $1/(1+K)$ (K 是闭环系统的放大倍数)，从而大大提高了机械特性的硬度，使系统的静差度大为减小。

② 在给定电压一定时，闭环系统的理想空载转速仅为开环时的 $1/(1+K)$。为了使闭环系统获得与开环系统相同的理想空载转速，闭环时的给定电压需比开环时的提高 $1+K$ 倍。

③ 在相同的最高转速和相同的最大允许静差度的条件下，闭环系统的调速范围为开环系统的 $1+K$ 倍。

所以提高系统放大倍数 K 是减小闭环系统静差度、扩大调速范围的有效措施。但 K 太大，对系统的动态稳定性不利。

(2)反馈形式。在调速系统中采用的反馈形式，除有速度负反馈外，还有以下几种：

①电压负反馈。它只能补偿可控整流电源的等效内阻所引起的速度降落，故它主要不是用来稳速，而是用它来防止过电压、改善动态特性、加快过渡过程。

②电压负反馈与电流正反馈组成的转速负反馈。电流正反馈可以补偿电动机电枢电阻压降 $I_a R_a$，因而能扩大调速范围，提高转速的稳定性。只要二者比例配合适当，它可以起到速度负反馈的作用。

③电流截止负反馈。它可以获得"堵转"特性(常称"挖土机"特性)，防止电流过大而烧坏电动机，并可以改善电流波形，提高电流波形的填充系数，使过渡过程又快又平稳。

4. 单闭环无静差调速系统

单闭环无静差调速系统中采用比例积分调节器(PI 调节器)，比例部分迅速反映调节作用，动态响应快，积分部分最终将消除静态偏差，因此，较好地解决了系统静态与动态的矛盾，从而获得了广泛的应用。

对于反馈检测元件和给定电源误差的消除，闭环系统是无能为力的，故高精度的自动调速系统必须有高精度的检测元件和给定电源作保证。

单闭环调速系统本身解决不了系统工作时冲击电流大的问题，所以，还要加电流截止负反馈环节来限制过大的电流。

5. 双闭环调速系统

转速、电流双闭环调速系统是一个具有电流调节器为内环和转速调节器为外环的串级调速系统。两个调节器都采用比例积分调节器，它具有良好的静态、动态特性。

就静态特性而言,电流负反馈内环对转速环来说只相当于起到一个扰动作用,当转速调节器不饱和时,电流负反馈的扰动作用完全被转速调节器的积分作用所抵消,所以,双闭环调速系统仍是一个无静差调速系统,且在转速调节器饱和、转速环失去作用、仅剩下电流环起作用时,系统相当于恒流调节系统,静态特性呈现出很陡的下垂段保护特性。

就动态特性而言,在给定信号大范围增加的启动过程中,转速调节器饱和,系统相当于恒流调节系统,可基本实现理想启动过程。如果扰动作用在电流环以内,如电网电压波动,则电流内环能及时加以调节;如果扰动作用在电流环之外,如负载波动,则靠转速环进行调节,此时电流环相当于电流的随动系统,电流反馈将加快跟随作用。

6. 可逆直流调速系统

可逆直流调速系统采用逻辑控制无环流可逆电路,两组变流器反并联连接实现电动机正反转时,两组变流器交替工作。电动机正转时,Ⅰ组整流;由正转到反转的制动过程中,Ⅱ组逆变;电动机反转时,Ⅱ组整流;由反转到正转的制动过程中,Ⅰ组逆变。

7. 晶体管直流脉宽调速系统

直流脉宽调速系统,通过改变施加在电动机电枢两端的脉冲电压的宽度,以改变电枢电压平均值的大小,从而实现对电动机的调速。

与晶闸管直流调速系统相比,晶体管直流脉宽调速系统具有许多优点,如主电路所需功率元件少、控制线路简单、低速性能好、调速范围宽、动态响应快等。所以,近年来在中、小容量的调速系统中,它正在逐步取代晶闸管直流调速系统。

8. 微型计算机控制的直流调速系统

由于微型计算机的功能不断加强,且具有小型化、智能化的特点,现在,以单片微型计算机为核心的微型计算机控制系统已取代以运算放大器等集成电路为主体的控制系统。该类控制系统的最突出的优点是硬件电路软件化,这样不仅容易实现机电传动系统的各种控制功能,而且可提高系统的稳定性和可靠性。

9.1.2 基本要求

(1)了解机电传动自动调速系统的组成。
(2)了解生产机械对调速系统提出的调速技术指标要求。
(3)熟悉调速系统的调速性质与生产机械的负载特性合理匹配的重要性。
(4)掌握自动调速系统中各个基本环节、各种反馈环节的作用与特点。
(5)掌握各种常用的自动调速系统的调速原理、特点及适用场合。
(6)能根据生产机械的特点和要求来正确选择机电传动控制系统,能在生产实际中处理控制系统运行时所出现的一般问题。

9.1.3 重点与难点

1. 重点

(1) 开环调速系统与闭环调速系统的区别,公式 $D = \dfrac{n_{\max}S}{\Delta n_N(1-S)}$ 与 $D_f = (1+K)D$ 中各个物理量之间的辩证关系,扩大调速范围的正确有效方法。

(2) 几种常用反馈(转速负反馈、电压负反馈与电流正反馈、电流截止负反馈)系统的工作原理、特点与作用。

(3) 有静差调速系统与无静差调速系统的本质区别。

(4) 单闭环调速系统与双闭环调速系统在性能上的区别(转速环、电流环的主要作用)。

(5) 晶体管脉宽调速系统的组成、基本工作原理与主要特点。

2. 难点

(1) 恒转矩调速与恒功率调速问题,特别是电动机的调速性质与生产机械的负载特性相配合问题。

(2) 比例积分调节器(PI 调节器)的调节作用。

(3) 双闭环调速系统的动态分析。

(4) 晶体管脉宽调速系统中主电路(功率开关放大器)工作时的电压、电流波形分析。

9.2 例题解析

例 9.1 一直流调压、调速系统的 $n_{01}=1450$ r/min,$n_{02}=145$ r/min,$\Delta n_N=10$ r/min,试求系统的调速范围和系统允许的静差度。

解 系统的调速范围为

$$D = \frac{n_{\max}}{n_{\min}} = \frac{n_{01}-\Delta n_N}{n_{02}-\Delta n_N} = \frac{1450-10}{145-10} = \frac{1440}{135} = 10.67$$

系统允许的静差度为

$$S = \frac{\Delta n_N}{n_{02}} \times 100\% = \frac{10}{145} \times 100\% = 6.9\%$$

例 9.2 一机床的主轴控制系统采用直流调速系统,直流电动机为 Z2-71 型,其额定功率 $P_N=10$ kW,额定电压 $U_N=220$ V,额定电流 $I_N=55$ V,额定转速 $n_N=1000$ r/min,电枢电阻 $R_a=0.1$ Ω。若采用开环控制系统,试问:

(1) 要求静差度 $S \leq 10\%$ 时,其调速范围 D 为多少?

(2) 要求调速范围 $D=2$ 时,其允许的静差度 S 为多少?

(3) 若调速范围 $D=10$,静差度 $S \leq 5\%$,其允许的转速降为多少?

解 (1)由教材中的式(3.16)有
$$K_e\Phi_N = \frac{U_N - I_N R_a}{n_N} = \frac{220 - 55 \times 0.1}{1000} \text{ V/(r/min)} = 0.215 \text{ V/(r/min)}$$
由教材中的式(3.12)、式(3.13)知
$$\Delta n_N = \frac{I_N R_a}{K_e \Phi_N} = \frac{55 \times 0.1}{0.215} \text{ r/min} = 25.6 \text{ r/min}$$
故由教材中的式(9.1)得调速范围为
$$D = \frac{n_{\max} S}{\Delta n_N (1-S)} = \frac{1000 \times 10\%}{25.6 \times (1-10\%)} = 4.3$$
(2)当 $D=2$ 时,允许的静差度为
$$S = \frac{D\Delta n_N}{n_N + D\Delta n_N} \times 100\% = \frac{2 \times 25.6}{1000 + 2 \times 25.6} \times 100\% = 4.9\%$$
(3)当 $D=10, S\leqslant 5\%$ 时,允许的转速降为
$$\Delta n_N \leqslant \frac{n_N S}{D(1-S)} = \frac{1000 \times 5\%}{10 \times (1-5\%)} \text{ r/min} = 5.26 \text{ r/min}$$

例 9.3 一车床的主轴直流控制系统的直流电动机为 Z2-101 型,其额定功率 $P_N = 55$ kW、额定电压 $U_N = 220$ V、额定电流 $I_N = 285.5$ A、额定转速 $n_N = 1000$ r/min。试问:

(1)若调速范围 $D=25$,其静差度 S 为多少?

(2)若静差度 $S\leqslant 5\%$,其允许的转速降 Δn_N 是多少?

解 (1)由教材中的式(3.15)知
$$R_a = (0.5 \sim 0.75)\left(1 - \frac{P_N}{U_N I_N}\right)\frac{U_N}{I_N}$$
取系数为 0.55,则
$$R_a = 0.55 \times \left(1 - \frac{55 \times 10^3}{220 \times 285.5}\right) \times \frac{220}{285.5} \text{ Ω} = 0.05 \text{ Ω}$$
$$K_e \Phi_N = \frac{U_N - I_N R_a}{n_N} = \frac{220 - 285.5 \times 0.05}{1000} \text{ V/(r/min)} = 0.206 \text{ V/(r/min)}$$
$$\Delta n_N = \frac{I_N R_a}{K_e \Phi_N} = \frac{285.5 \times 0.05}{0.206} \text{ r/min} = 69.3 \text{ r/min}$$
故 $D=25$ 时,最低转速时的静差度为
$$S = \frac{\Delta n_N}{n_{02}} \times 100\% = \frac{\Delta n_N}{n_{\min} + \Delta n_N} \times 100\% = \frac{\Delta n_N}{(n_N/D) + \Delta n_N} \times 100\%$$
$$= \frac{69.3}{(1000/25) + 69.3} \times 100\% = 63\% = 0.63$$
(2) $S\leqslant 5\%$ 时,允许的转速降为
$$\Delta n_N \leqslant \frac{n_N S}{D(1-S)} = \frac{1000 \times 5\%}{25 \times (1-5\%)} \text{ r/min} = 2.1 \text{ r/min}$$

第9章 直流调速系统

可见,在调速范围 D 不变时,若要求的静差度 S 减小了,则必须设法降低其转速降 Δn_N。减小 Δn_N 的办法是采用闭环控制系统。

例 9.4 一直流闭环调速系统的调速范围为 1500~150 r/min,静差度 $S \leqslant 5\%$,试问:
(1)系统允许的转速降为多少?
(2)若开环系统的静态转速降是 80 r/min,则闭环系统的放大倍数应为多少?

解 (1)因
$$D = \frac{n_{\max}}{n_{\min}} = \frac{1500}{150} = 10$$

故
$$\Delta n_f = \frac{n_{\max}S}{D(1-S)} = \frac{1500 \times 5\%}{10 \times (1-5\%)} \text{ r/min} = 7.89 \text{ r/min}$$

(2)由教材中的式(9.9)得闭环系统的放大倍数为
$$K = \frac{\Delta n}{\Delta n_f} - 1 = \frac{80}{7.89} - 1 = 9.14$$

可见,系统引入闭环后,只要选择适当的放大倍数 K,就可以使转速降 Δn 大为减小,从而满足所要求的调速范围 D 和静差度 S。

例 9.5 一闭环直流调速系统要求调速范围 $D=10$,额定转速 $n_N=1000$ r/min,其开环系统的转速降 $\Delta n = 100$ r/min,如果要求系统的静差度由 15% 减到 5%,系统的放大倍数应如何变化?

解 (1)静差度为 15% 时,闭环系统的转速降为
$$\Delta n_{f1} = \frac{n_N S}{D(1-S)} = \frac{1000 \times 15\%}{10 \times (1-15\%)} \text{ r/min} = 17.65 \text{ r/min}$$

故系统的放大倍数为
$$K_1 = \frac{\Delta n}{\Delta n_{f1}} - 1 = \frac{100}{17.65} - 1 = 4.66$$

(2)静差度为 5% 时,有
$$\Delta n_{f2} = \frac{n_N S}{D(1-S)} = \frac{1000 \times 5\%}{10 \times (1-5\%)} \text{ r/min} = 5.26 \text{ r/min}$$

故系统的放大倍数为
$$K_2 = \frac{\Delta n}{\Delta n_{f2}} - 1 = \frac{100}{5.26} - 1 = 18.01$$

例 9.6 如图(例 9.6)所示转速负反馈直流调速系统,已知:直流电动机采用 Z2-41 型,其额定功率 $P_N=3$ kW,额定电压 $U_N=220$ V,额定电流 $I_N=17.2$ A,额定转速 $n_N=1500$ r/min,电枢电阻 $R_a=1.6$ Ω;晶闸管可控整流电源的等效内阻(包括整流变压器和平波电感器等的电阻)为 $R_x=0.8$ Ω;晶闸管可控整流器的电压放大倍数为 $K_s=50$;测速发电机的主要技术数据为 $P_{N\text{-BR}}=44$ W,$U_{N\text{-BR}}=110$ V,$I_{N\text{-BR}}=0.4$ A,$n_{N\text{-BR}}=1800$ r/min;直流电动机最高转速为 $n_N=1500$ r/min 时的给定电压为 $U_{gm}=10$ V;对该调速系统的技术指标要求是,调速范围 $D=20$,静差度 $S=5\%$。试求该闭环调速系统的静态参数 Δn_{Nf}、K、U_d、U_k、K_p、γ 等。

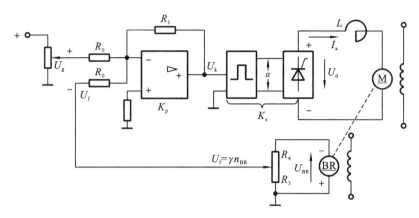

图(例 9.6)

解 (1)闭环系统的额定转速降为

$$\Delta n_{Nf} = \frac{n_N S}{D(1-S)} = \frac{1500 \times 5\%}{20 \times (1-5\%)} \text{ r/min} = 3.95 \text{ r/min}$$

(2)由教材中的式(3.16)知

$$C_e = K_e \Phi_N = \frac{U_N - I_N R_a}{n_N} = \frac{220 - 17.2 \times 1.6}{1500} \text{ V/(r/min)} = 0.128 \text{ V/(r/min)}$$

再由教材中的式(9.9)即 $\Delta n_f = \frac{\Delta n}{1+K}$,而 $\Delta n = \frac{I_N R_\Sigma}{C_e}$,于是,闭环系统的放大倍数为

$$K = \frac{I_N R_\Sigma}{C_e \Delta n_f} - 1 = \frac{I_N (R_a + R_x)}{C_e \Delta n_{Nf}} - 1 = \frac{17.2 \times (0.8 + 1.6)}{0.128 \times 3.95} - 1 = 80.6$$

(3)可控整流器在电动机额定运行时的输出电压为

$$U_d = U_N + I_N R_x = (220 + 17.2 \times 0.8) \text{ V} = 234 \text{ V}$$

(4)在电动机额定运行时触发器的输入控制电压为

$$U_k = \frac{U_d}{K_s} = \frac{234}{50} \text{ V} = 4.68 \text{ V}$$

(5)电动机在额定运行时,最大给定电压为 U_{gm},故

$$(U_{gm} - \gamma n_N)K_p = U_k$$

又

$$K = \frac{\gamma}{C_e} K_p K_s = \frac{K_s}{C_e} \gamma K_p$$

将已知数据代入以上两式,得

$$\begin{cases} (10 - 1500\gamma)K_p = 4.68 \\ \frac{50}{0.128} \gamma K_p = 80.6 \end{cases}$$

解方程组,得放大器的电压放大倍数为

$$K_p = 31.42$$

转速反馈系数为

$$\gamma = 0.00657 \text{ V/(r/min)}$$

(6) 求转速反馈回路分压比。因

$$\frac{U_{BR}}{R_3 + R_4} = \frac{U_f}{R_3} \quad 即 \quad \frac{C_{e\text{-}BR} n_{BR}}{R_3 + R_4} = \frac{\gamma n_{BR}}{R_3}$$

故

$$\frac{R_3}{R_3 + R_4} = \frac{\gamma}{C_{e\text{-}BR}} = \frac{0.00657}{0.061} = 0.108$$

式中

$$C_{e\text{-}BR} = \frac{U_{N\text{-}BR}}{n_{N\text{-}BR}} = \frac{110}{1800} \text{ V/(r/min)} = 0.061 \text{ V/(r/min)}$$

由此可确定比例放大器的参数。取 $R_0 = 10 \text{ k}\Omega$，则 $R_1 = K_p R_0 = 31.41 \times 10 \text{ k}\Omega = 314.1 \text{ k}\Omega$，故选 R_1 的标称值为 330 kΩ。

例 9.7 图(例 9.7)所示为晶闸管可控整流器供电的直流调速系统，已知：采用 Z2-32 型直流电动机，其额定功率 $P_N = 2.2 \text{ kW}$，额定电压 $U_N = 220 \text{ V}$，额定电流 $I_N = 12.5 \text{ A}$，额定转速 $n_N = 1500 \text{ r/min}$，电枢电阻 $R_a = 2 \text{ }\Omega$；晶闸管可控整流器及平波电抗器的等效电阻 $R_x = 1 \text{ }\Omega$；晶闸管可控整流器的电压放大倍数 $K_s = 40$；电动机为额定转速时的最大给定电压 $U_{gm} = 20 \text{ V}$；要求转折点电流 $I_0 \leqslant 1.35 I_N$，堵转电流 $I_{a0} \leqslant 2.5 I_N$。

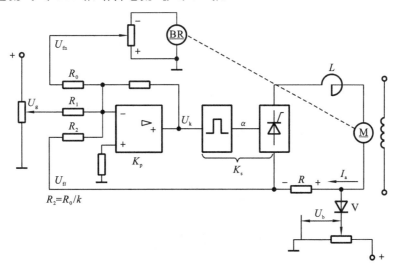

图(例 9.7)

(1) 当 $k = 1$ (即 $R_2 = R_0$)时，电流反馈电阻 R、比较电压 U_b (忽略二极管 V 的正向压降)各为多少？

(2) 当 $R = 1.2 \text{ }\Omega$ 时，放大器输入电阻 R_2、比较电压 U_b 各为多少？

解 (1) 当 $k = 1$ 时，求 R 和 U_b。在电流截止负反馈系统中，系统的速度特性如教材中的

图 9.12 所示,当 $I_a > I_0$ 时,有电流负反馈信号 $U_{fi} = I_a R - U_b$,此时调速系统的静特性方程为

$$n = \frac{K_p K_s U_g}{C_e(1+K)} - \frac{K_p K_s U_{fi}}{C_e(1+K)} - \frac{R_\Sigma}{C_e(1+K)} I_a$$

$$= \frac{K_p K_s U_g}{C_e(1+K)} - \frac{K_p K_s (I_a R - U_b)}{C_e(1+K)} - \frac{R_\Sigma}{C_e(1+K)} I_a$$

$$= \frac{K_p K_s (U_g + U_b)}{C_e(1+K)} - \frac{K_p K_s R + R_\Sigma}{C_e(1+K)} I_a$$

式中 $R_\Sigma = R_x + R_a + R$

当 $n = 0$ 时,即得堵转电流为

$$I_{a0} = \frac{K_p K_s (U_g + U_b)}{K_p K_s R + R_\Sigma}$$

由于 $K_p K_s R \gg R_\Sigma$,故上式可近似表示为

$$I_{a0} \approx \frac{U_g + U_b}{R} = \frac{U_g}{R} + \frac{U_b}{R}$$

根据本题要求,转折点电流 $I_0 = U_b/R = 1.35 I_N$,堵转电流 $I_{a0} \leqslant 2.5 I_N$,代入上式,得

$$U_g/R + 1.35 I_N \leqslant 2.5 I_N$$

即 $U_g/R \leqslant (2.5 - 1.35) I_N = 1.15 I_N$

式中 $U_g = U_{gm} = 20 \text{ V}$

因此 $R \geqslant \dfrac{U_g}{1.15 I_N} = \dfrac{20}{1.15 \times 12.5} \Omega = 1.39 \Omega$

则 $U_b = I_0 R = 1.35 I_N R = 1.35 \times 12.5 \times 1.39 \text{ V} = 23.46 \text{ V}$

(2) 当 $R = 1.2 \Omega$ 时,求 U_b 和 R_2。比较电压为

$$U_b = I_0 R = 1.35 I_N R = 1.35 \times 12.5 \times 1.2 \text{ V} = 20.25 \text{ V}$$

此时由于 $R_2 \neq R_0 (k \neq 1)$,当 $I_a > I_0$ 时,系统的静特性方程变为

$$n = \frac{K_p K_s U_g}{C_e(1+K)} - \frac{K_p K_s k (I_a R - U_b)}{C_e(1+K)} - \frac{R_\Sigma I_a}{C_e(1+K)}$$

$$= \frac{K_p K_s (U_g + k U_b)}{C_e(1+K)} - \frac{K_p K_s k R + R_\Sigma}{C_e(1+K)} I_a$$

当 $n = 0$ 时,得 $I_{a0} = \dfrac{K_p K_s (U_g + k U_b)}{K_p K_s k R + R_\Sigma}$

且 $K_p K_s k R \gg R_\Sigma$,故上式可近似表示为

$$I_{a0} \approx \frac{U_g + k U_b}{k R} \leqslant 2.5 I_N$$

则 $k \geqslant \dfrac{U_g}{2.5 I_N R - U_b}$

因 $U_g = U_{gm} = 20 \text{ V}$,故

$$k = \frac{20}{2.5 \times 12.5 \times 1.2 - 20.25} = 1.16$$

得
$$R_2 = R_0/k = R_0/1.16 = 0.86 R_0$$

若取 $R_0 = 30 \text{ k}\Omega$,则
$$R_2 = 0.86 \times 30 \text{ k}\Omega = 25.8 \text{ k}\Omega$$

例 9.8 一晶体管-电动机直流脉宽调速系统,其主电路的电源电压 $U_s = 200$ V,交替导通的开关频率 $f = 5$ kHz,在脉冲周期内正向全导通时的理想空载转速 $n_{01} = 3000$ r/min,试问:正向理想空载转速 $n_{02} = 600$ r/min 时的正向导通时间 t_1 为多少?

解 由教材中的式(9.23)知
$$U_{av} = U_s(2\gamma - 1) \quad 且 \quad \gamma = \frac{t_1}{T} = t_1 f$$

或
$$\frac{U_{av}}{U_s} = 2\gamma - 1 \quad 即 \quad \frac{n_{02}}{n_{01}} = 2\gamma - 1 = 2t_1 f - 1$$

化简后得
$$t_1 = \frac{n_{01} + n_{02}}{2f n_{01}} = \frac{3000 + 600}{2 \times 5 \times 10^3 \times 3000} \text{ s} = 1.2 \times 10^{-4} \text{ s}$$

例 9.9 某晶体管-电动机直流脉宽调速系统,脉宽调制(PWM)放大器的电源电压 $U_s = 100$ V,开关频率 $f = 5$ kHz,正向全导通时的理想空载转速 $n_{01} = 2000$ r/min。试问:正向导通时间 $t_1 = 1.005 \times 10^{-4}$ s 时的理想空载转速 n_{02} 为多少?

解 由例 9.8 的分析知
$$n_{02}/n_{01} = 2t_1 f - 1$$

故 $n_{02} = (2t_1 f - 1)n_{01} = (2 \times 1.005 \times 10^{-4} \times 5 \times 10^3 - 1) \times 2000 \text{ r/min} = 10 \text{ r/min}$

9.3 学习自评

9.3.1 自测练习

9.1 为什么电动机的调速性质应与生产机械的负载特性相适应?两者如何配合才相适应?(提示:目的是充分利用电动机。)

9.2 一直流调速系统高速时的理想空载转速 $n_{01} = 1480$ r/min,低速时的理想空载转速 $n_{02} = 157$ r/min,额定负载时的转速降 $\Delta n_N = 10$ r/min。试绘制该系统的静特性(即电动机的机械特性)曲线,求出调速范围 D 和静差度 S。(提示:$D \neq n_{01}/n_{02}$,S 是指低速时的静差度。)

9.3 一龙门刨床工作台由直流电动机拖动,直流电动机的主要铭牌数据为 $P_N = 60$ kW,$U_N = 220$ V,$I_N = 305$ A,$n_N = 1000$ r/min,电枢电阻 $R_a = 0.04$ Ω。要求调速范围 $D = 20$,试求最低转速时的静差度 S。若静差度 $S \leq 5\%$ 时,对应的转速降 Δn_N 为多少?

9.4 一有静差调速系统调节范围为 $75 \sim 1500$ r/min,要求静差度 $S = 2\%$。那么,该系统

允许的静态速降是多少?如果开环系统的静态速降是 100 r/min,闭环系统的开环放大倍数应有多大?

9.5 一直流调速系统调速范围 $D=10$,最高额定转速 $n_{\max}=1000$ r/min,开环系统的静态速降是 100 r/min。该系统的静差度为多少?若把该系统组成闭环系统,使新系统的静差度为 5%,闭环系统的放大倍数为多少?(提示:调速范围 D 是不变的。)

9.6 为什么调速系统中加负载后转速会降低?将调速系统做成闭环调速系统为什么可以减小速降?

9.7 有一转速负反馈直流调速系统如图(例 9.6)所示,已知:直流电动机的主要铭牌数据为 $P_N=1$ kW,$U_N=220$ V,$I_N=6$ A,$n_N=1500$ r/min;电枢电阻为 $R_a=2$ Ω;主回路总电阻 $R_\Sigma=3$ Ω;晶闸管整流器的电压放大倍数 $K_s=40$;测速发电机的主要铭牌数据为 $P_{N\text{-}BR}=23.1$ W,$U_{N\text{-}BR}=110$ V,$I_{N\text{-}BR}=0.21$ A,$n_{N\text{-}BR}=1900$ r/min;电动机最大转速 $n_N=1500$ r/min 时的给定电压 $U_{gm}=10$ V。对该调速系统的技术要求是,调速范围 $D=10$,静差度 $S=3\%$。

试求该调速系统下列的静态参数:

(1)额定转速降 Δn_{Nf}; (2)闭环系统的开环放大倍数 K;
(3)电动机额定运行时触发器的输入控制电压 U_k;
(4)放大器的电压放大倍数 K_p 及转速反馈系数 γ;
(5)转速反馈回路分压比 $R_3/(R_3+R_4)$; (6)比例放大器的 R_0 与 R_1。

9.8 电流截止负反馈的作用是什么?试画出其转速特性曲线,并加以说明;转折点电流如何选?堵转电流如何选?比较电压如何选?

9.9 某晶闸管整流器供电的直流调速系统如图(例 9.7)所示,已知:直流电动机的主要铭牌数据为 $P_N=2.5$ kW,$U_N=220$ V,$I_N=15$ A,$n_N=1500$ r/min;电枢电阻 $R_a=2$ Ω;晶闸管整流器及平波电抗器的等效电阻 $R_x=1$ Ω;晶闸管整流器的电压放大倍数 $K_s=30$;电动机为额定转速时的最大给定电压 $U_{gm}=30$ V。要求转折点电流 $I_0=1.2I_N$,堵转电流 $I_{a0}\leqslant 2I_N$。

(1)当 $k=1$ 时(即 $R_2=R_0$)时,电流反馈电阻 R、比较电压 U_b(忽略二极管 V 的正向压降)各为多少?

(2)当 $R=1$ Ω 时,放大器输入电阻 R_2、比较电压 U_b 各为多少?

9.10 在无静差调速系统中为什么要引入 PI 调节器?比例、积分部分各起什么作用?

9.11 双闭环调速系统稳态运行时,两个调节器的输入偏差(给定值与反馈值之差)是多少?它们的输出电压是多少?为什么?

9.12 在双闭环调速系统中转速调节器的作用是什么?它的输出限幅值按什么来整定?电流调节器的作用是什么?它的限幅值按什么来整定?

9.13 欲改变双闭环调速系统的转速,可调节什么参数?改变转速反馈系数 γ 行不行?欲改变最大允许电流(堵转电流),应调节什么参数?

9.14 试绘制晶体管-电动机直流脉宽调速系统主电路的简化图和电动机电枢电压的波

形,并简要说明其调速原理。当电源电压 $U_s=220$ V,交替导通的开关频率 $f=2000$ Hz 时,在脉冲周期内正向全导通时理想空载转速 $n_{01}=1000$ r/min。若要求正向理想空载转速 $n_{02}=400$ r/min,问:系统在一脉冲周期内的正向导通时间为多少?

9.3.2 自测练习参考答案

9.1 (略)

9.2 $D=10, S=6.4\%$。

9.3 $S_2=54\%, \Delta n_N \leqslant 2.63$ r/min。

9.4 $\Delta n_f=1.53$ r/min, $K=64.4$。

9.5 $S=50\%, K=18$。

9.6 (略)

9.7 (1) $\Delta n_{Nf}=4.64$ r/min;   (2) $K=26.7$;
     (3) $U_K=5.65$ V;   (4) $K_P=14.66, \gamma=0.0064$ V/(r/min);
     (5) $R_3/(R_3+R_4)=0.11$;   (6) 取 $R_0=20$ kΩ,则选 R_1 的标称值为 300 kΩ。

9.8 $I_a=KI_{aN}$(一般 $K=1.2\sim1.35$), $I_{a0}=(2\sim2.5)I_{aN}, U_b \leqslant I_0R-U_{b0}=KI_{aN}R-U_{b0}$。

9.9 (1) $R \geqslant 2.5$ Ω, $U_b=45$ V;
     (2) $U_b=18$ V, $R_2=0.4R_0$,若取 $R_0=20$ kΩ,则 $R_2=8$ kΩ。

9.10 (略)

9.11 $\Delta U=0$, ASR 的输出电压为 $U_{gi}=U_{fi}=\beta I_L$, ACR 的输出电压为 $U_k=\dfrac{C_e n_g+I_L R_\Sigma}{K_s}$。

9.12 ASR 的限幅值为 $U_{gim}=U_{fim}=\beta I_{am}$, ACR 的限幅值为
$$U_k=\dfrac{U_{dmax}}{K_s}=\dfrac{C_e n_N+I_{am} R_\Sigma}{K_s}$$

9.13 调 U_g 可调 n,改变 γ 也可;欲改变 I_{am} 应调 β。

9.14 $t_1=3.5\times10^{-4}$ s。

9.4 关于教学方面的建议

本章内容较多,应主要讲授基本概念、原理和方法,如开、闭环系统的概念和调速范围 D、D_f 两个公式的分析,恒转矩、恒功率调速的概念与应用,几种常用反馈系统的工作原理,有静差与无静差的概念和区别,转速环与电流环的不同作用,脉宽调速的工作原理与优越性。

论述性的内容(如分类、技术指标等)、扩展的内容(如可逆系统、微机控制系统等)与有静差调速系统的实例(实例只是为了使读者全面了解调速系统的组成和各部分的详细工作过程,以便于全面深入掌握调速系统。实际上,现在触发器和放大器等都已集成化了,其内部的工作情况不需要深入理解)等内容则主要由学生自学。

第 10 章 交流自动调速控制系统

10.1 知识要点

10.1.1 基本内容

1. 交流异步电动机调速的基本方法

交流异步电动机转差率 S 的定义及旋转磁场的旋转速度与电动机磁极对数的关系为

$$n = n_0(1-S) = \frac{60f(1-S)}{p} = n_0 - \Delta n$$

由此可知,交流异步电动机的调速方法大致可分为三种:改变转差率 S、改变磁极的极对数 p 和改变频率 f。其中,改变转差率 S 可以通过调定子电压、转子电阻、转子电压以及定转子供电频率等方法来实现,从而派生出很多种调速方法。

2. 异步电动机-电磁转差离合器调速系统

通过改变电磁离合器的励磁电流实现调速的异步电动机-电磁离合器调速系统,具有装置及控制电路简单、价格低等优点,但低速运行时损耗较大、效率较低。

3. 异步电动机交流调压调速系统

当异步电动机定子与转子的参数恒定时,在一定的转差率下,电动机的电磁转矩 T 与加在定子绕组上的电压 U 的二次方成正比。因此,通过改变异步电动机的定子电压,从而改变电动机在一定输出转矩下的转速是一种简单而方便的调速方法。它具有控制电路简单、价格低、使用维修方便等优点,缺点是损耗大、效率低、调速特性软,低速时稳定性差、调速范围窄。若加入转速负反馈构成闭环系统,就可使低速特性变得较硬、稳定性变好,调速范围加宽。

4. 绕线转子异步电动机调速系统

对于绕线转子异步电动机,可采用转子回路中串接电阻或串接电势两种调速方法。串电阻调速时,在电阻上将消耗大量的能量,速度越低,损耗越大;转子回路串入一外加电动势就构成了所谓的串级调速系统,由于其能量损耗小,且机械特性也较硬,从而获得了较广泛的应用。

5. 交流变频调速系统

变频调速是通过改变定子供电电源的频率来改变同步转速以实现调速目的的。其基本原理是，由于异步电动机的同步转速 n_0 与电源频率 f 成正比，所以，改变 f 就可改变 n_0 而实现调速。其调速特性基本保持了异步电动机固有特性特点，转差率小，所以具有效率高、调速范围宽、调速精度高等特点，是异步电动机比较理想的调速方法。变频调速系统主要有交—直—交电压型和电流型变频调速系统，脉宽型变频调速系统和交—交变频调速系统。

6. 异步电动机矢量变换控制系统

如果把交流异步电动机模拟成与直流电动机，即将用 A、B、C 静止坐标系表示的感应电动机矢量，变换到按转子磁通方向为磁场定向、并以同步速度旋转的 OMT 直角坐标系上，即进行所谓矢量变换，从而使异步电动机能够像直流电动机一样进行控制，从而获得十分优越的调速性能。

7. 无换向器电动机

由一台同步电动机和一套简单的逆变器组成的无换向器电动机，是一种用晶闸管控制的变频调速同步电动机，其构造与同步电动机相同，没有换向器，但其工作原理、特性及调速方式都与直流电动机相似。

10.1.2 基本要求

(1) 掌握交流异步电动机调速的基本原理和主要方法。

(2) 了解电磁转差离合器调速系统的原理和调速性能。

(3) 掌握交流调压调速系统和绕线转子异步电动机调速系统的特性、原理及应用领域。

(4) 了解变频调速系统的分类、脉宽调制型变频调速和交—交变频调速及矢量变换控制的基本原理、调速特性及应用范围。

(5) 了解无换向器电动机的原理和构造以及其机械特性与调速系统。

10.1.3 重点与难点

1. 重点

(1) 交流异步电动机调速系统的基本原理，各类调速系统的基本原理与类型以及几种主要系统的基本组成。

(2) 不同调速方法所获得的电动机调速的特性和特点，不同调速方法的应用场合。

2. 难点

(1) 不同调速系统的原理，变频调速系统的不同分类与系统原理。

(2) 矢量变换控制的独特调速性能基本原理和数学转换方程。

10.2 例题解析

例 10.1 一台三相异步电动机,定子绕组接到频率为 $f_1=50\ \text{Hz}$ 的三相对称电源上,已知它运行在额定转速 $n_N=960\ \text{r/min}$。试问:

(1)该电动机的极对数 p 是多少?　　(2)额定转差率 S_N 是多少?

(3)额定转速运行时,转子电动势的频率 f_2 是多少?

解　(1)已知异步电动机额定转差率较小,现根据电动机的额定转速 $n_N=960\ \text{r/min}$ 便可判断它的同步转速 $n_0=1000\ \text{r/min}$。于是极对数为

$$p=\frac{60 f_1}{n_0}=\frac{60\times 50}{1000}=3$$

(2)额定转差率为

$$S_N=\frac{n_0-n_N}{n_0}=\frac{1000-960}{1000}=0.04$$

(3)转子电动势的频率为

$$f_2=S_N f_1=0.04\times 50\ \text{Hz}=2\ \text{Hz}$$

例 10.2　假设例(10.1)的三相异步电动机实际运行时,它的转子转向、转速 n 有以下两种情况:

(1)转子的转向与 $\dot{B}_\delta$ 的转向相同,转速 n 分别为 950 r/min、1000 r/min、1040 r/min 和 0;

(2)转子的转向与 $\dot{B}_\delta$ 的转向相反,转速 $n=500\ \text{r/min}$。

试分别求它们的转差率 S。

解　(1)转子的转向与 $\dot{B}_\delta$ 的转向相同

若 $n=950\ \text{r/min}$,则

$$S=\frac{n_0-n}{n_0}=\frac{1000-950}{1000}=0.05$$

若 $n=1000\ \text{r/min}$,则　　　　　　$S=0$

若 $n=1040\ \text{r/min}$,则

$$S=\frac{n_0-n}{n_0}=\frac{1000-1040}{1000}=-0.04$$

若 $n=0$,则　　　　　　　　　　　$S=1$

(2)转子的转向与 $\dot{B}_\delta$ 的转向相反,$n=500\ \text{r/min}$,则

$$S=\frac{n_0+n}{n_0}=\frac{1000+500}{1000}=1.5$$

例 10.3　无换向器电动机调速系统与直流电动机调速系统有哪些异同点?

解 (1) 从结构上看,无换向器电动机和直流电动机一样,本身都是一台同步电动机。其区别是,直流电动机是一个机械接触的逆变器-换向器,而无换向器电动机中的逆变器是用晶闸管等电子器件组成的逆变器来代替的。

(2) 从转速表达式看,直流电动机的转速表达式为

$$n = \frac{U - I_a R}{K_e \Phi}$$

无换向器电动机的转速表达式为

$$n = \frac{2.34 U_2 \cos\alpha - I_a R_\Sigma}{K_e \Phi \cos\left(\gamma_0 - \frac{\mu}{2}\right)\cos\frac{\mu}{2}}$$

由此可见,两者特性极为相似。

(3) 从调速系统看,直流电动机调速系统一般采用两组整流桥反并联的形式,采用由一个电流环和一个速度环组成的双闭环调速系统,主要是改变电源侧整流器的控制角 α 来实现调速。

无换向器电动机改变电动机电流方向,只要改变电动机侧晶闸管触发信号即可实现。因此,无须两组整流桥反并联。调速系统一般也是采用一个电流环和一个速度环组成的双闭环系统,也有一个逻辑单元和一个零电流检测单元,但其用途不是像直流电动机调速系统那样用来控制正反向变流器切换,而是用来控制电动机侧逆变器的触发脉冲分配和发出电动机低速运行时电流断续法换流所需零电流信号。

10.3 学 习 自 评

10.3.1 自测练习

10.1 试述电磁转差离合器的工作原理,其工作原理与笼型异步电动机的工作原理有何异同?为什么?

10.2 为什么调压调速必须采用闭环控制才能获得较好的调速特性,其根本原因是什么?

10.3 串级调速的基本原理是什么?串级调速引入转子回路的电动势,其频率有何特点?

10.4 为什么说用变频调压电源对异步电动机供电是比较理想的交流调速方案?

10.5 脉宽调制变频器中,逆变器各开关元件的控制信号如何获取?试绘制波形图。

10.6 交—直—交变频与交—交变频有何异同?

10.7 简述矢量变换控制的基本原理。

10.3.2 自测练习参考答案(略)

10.4 关于教学方面的建议

本章应重点讲授变频调速系统以及异步电动机的矢量变换控制系统。这两种系统应用十分广泛,且极有发展前途。对这两类系统的分析和掌握,有助于熟悉和了解其他交流调速系统。

至于电磁转差离合器调速系统、交流调压调速系统以及无换向器电动机及其调速系统,教师仅需扼要地讲授,主要由学生自学,并通过练习去掌握。

第 11 章 步进电动机控制系统

11.1 知识要点

11.1.1 基本内容

1. 步进电动机的环形分配器

为使步进电动机按一定通电方式工作,需将控制脉冲按规定方式分配到电动机的每相绕组,这就是环形分配器的任务。

采用硬件逻辑电路实现这种分配的称为硬件环形分配器,采用软件实现的称为软件环形分配器。两种脉冲分配器各有优点,使用时,可根据实际情况而定。

2. 步进电动机的驱动电源

步进电动机的驱动电路是使脉冲具有一定驱动功率的脉冲放大电路,其性能对步进电动机的运行性能、响应速度和稳定性等影响很大。

目前,应用最广的驱动电源主要有单压限流型和高低压切换型两种,后者具有功耗小、启动力矩大、突跳频率和工作频率高等特点。

3. 步进电动机传动控制系统的主要特点

(1) 它的步数和转速与输入脉冲频率之间有严格的正比关系,不会因电压的波动、负载的增减以及温度等外部环境的变化而变化。

(2) 积累误差等于零,故其控制精度高。

(3) 控制性能好,在一定的频率范围内能按输入脉冲信号的要求迅速启动、反转和停止,且能在较宽的范围内通过改变脉冲频率来进行调速。故步进电动机拖动控制系统不用反馈也能实现高精度的角度和转速控制,这就简化了系统、降低了成本,所以,它特别适用于开环数控系统。

(4) 电脉冲的频率不能过高,否则将影响步进电动机的启动和正常运行。

(5) 步进电动机不宜带转动惯量很大的负载,否则也将影响它的启动和正常运行。

(6)步进电动机工作必须采用专用的驱动电源供电,驱动电源的优劣对系统运行的影响极大。

11.1.2 基本要求

(1)了解步进电动机环形分配器的基本原理及其硬、软件的实现方法。
(2)了解两种不同类型步进电动机的驱动电路及其优缺点。

11.1.3 重点与难点

1. 重点
(1)简单的步进电动机驱动电路的分析和设计。
(2)步进电动机的主要性能指标。

2. 难点
驱动电路对步进电动机运行性能的影响。

11.2 例题解析(略)

11.3 学习自评(略)

11.4 关于教学方面的建议(略)

模拟试题及参考答案

模拟试题 Ⅰ

一、选择题 （从下列各题备选答案中选出一个正确答案,并将其代号写在题后的括号内。每小题 2 分,共 10 分。）

1. 电源线电压为 380 V,三相笼型异步电动机定子每相绕组的额定电压为 380 V 时,能否采用 Y-△降压启动？ （   ）
   A. 能　　　　　　　　B. 不能

2. 直流电器的线圈能否串联使用？ （   ）
   A. 能　　　　　　　　B. 不能

3. 对于直流电动机调速系统,若想采用恒转矩调速,则可改变____。 （   ）
   A. K_e　　　　　　　B. Φ　　　　　　　C. U

4. 从步进电动机的电源脉冲分配器中输送出的脉冲电压的顺序,决定了这个电动机转子的_____。 （   ）
   A. 角位移的大小　　　　　　　　B. 角速度的大小
   C. 角加速度的大小　　　　　　　D. 角位移的方向

5. 三相异步电动机正在运行时,转子突然被卡住,这时电动机的电流会_____。 （   ）
   A. 增大　　　　　　　B. 减小　　　　　　　C. 等于零

二、填空题 （每小题 2 分,共 10 分。）

1. 直流电动机常用的调速方法有_____、_____和_____。

2. 电气控制系统中常设的保护环节有_____、_____、_____、_____和_____。

3. 三相笼型异步电动机的启动方法有_____和_____。

4. FX2N 型 PLC 的内部可编程元件有_____、_____、_____、_____、_____、_____和_____等几类。

5. 晶闸管的导通条件是_____和_____,晶闸管由导通转变为阻断的条件是_____,阻断后它所承受的电压大小取决于_____。

三、问答题 （回答要点,并作简明扼要的解释。每小题4分,共20分。）

1. 试写出 PLC 扫描工作方式的工作过程。

2. 一台三相异步电动机正常运行时为△接法,在额定电压 U_N 下启动时,其启动转矩 T_{st} =1.2T_N(T_N 为额定转矩),若采用 Y-△降压启动,试问:当负载转矩 T_L=35%T_N 时,电动机能否启动？为什么？

3. 试说明图 A.1.1 中几种情况下系统的运行状态是加速、减速还是匀速？（图中箭头方向为转矩的实际作用方向。）

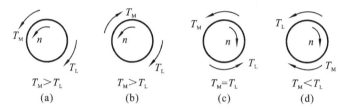

图 A.1.1

4. 对电动机的启动有哪些主要要求？

5. 直流他励电动机启动时,若在加上励磁电流之前就把电枢电压加上,这时会产生什么后果？（试分 T_L=0 和 T_L=T_N 两种情况加以说明。）

四、阅读分析 （每小题10分,共20分。）

1. 试说明图 A.1.2 的控制功能(是什么控制电路),并分析其工作原理(过程)。

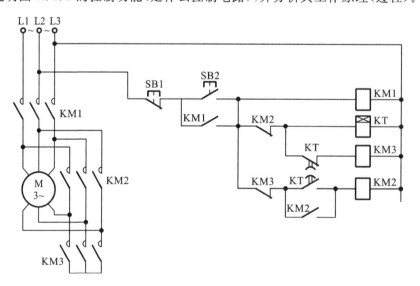

图 A.1.2

2. 图 A.1.3 所示的梯形图为一完整的控制程序段,试用 FX2N 型 PLC 的指令写出其指令语句表。

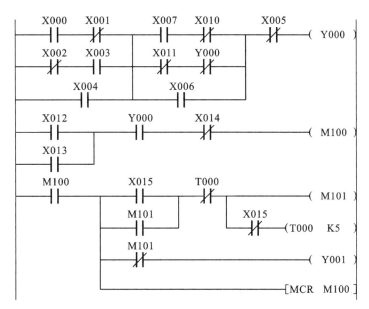

图 A.1.3

五、计算题 (要求写出主要计算步骤及结果。每小题 5 分,共 20 分。)

1. 一直流电动机脉宽调速系统(PWM-M)外加电源电压 $U(E)=100$ V,脉冲频率 $f=4000$ Hz,在脉冲周期内全导通时的理想空载转速 $n_{01}=1000$ r/min。如要求电动机的理想空载转速 $n_{02}=400$ r/min,试问:此系统在一脉冲周期内的导通时间(脉冲宽度)T_1 应是多少?

2. 一电炉的电阻为 $R=14.85$ Ω,为了调节加热温度,用一只晶闸管控制,供电电路为单相半波可控整流电路,接在电压 $u_2=\sqrt{2}\times220\sin(\omega t)$ 的交流电源上。
(1)绘制可控整流电路图;
(2)当控制角 $\alpha=60°$ 时,求加在电炉上的电压平均值 U_d;
(3)当控制角 $\alpha=60°$ 时,求通过电炉的电流平均值 I_d。

3. 一台直流他励电动机的等效电路图为图 A.1.4,其铭牌数据为 $P_N=5.5$ kW,$U_N=U_f=220$ V,$n_N=1500$ r/min,$\eta=80\%$,$R_a=0.2$ Ω。
(1)求额定转矩 T_N;
(2)求额定电枢电流 I_{aN};
(3)求额定电枢电流时的反电动势;
(4)求直接启动时的启动电流;

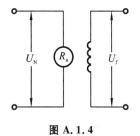

图 A.1.4

(5)若使启动电流为三倍的额定电流,则电枢应串接多大的启动电阻?此时启动转矩为多少?

4. 一调速系统在高速时的理想空载转速 $n_{01}=1450$ r/min,低速时的理想空载转速 $n_{02}=100$ r/min,额定负载时的转速降 $\Delta n_N=50$ r/min。

(1)试绘制该系统的静特性曲线;
(2)求调速范围 D 和低速时系统的静差度 S;
(3)在 n_{max} 与 S 一定时,扩大调速范围的方法是什么?调速系统中应采取什么措施保证转速的稳定性?

六、设计题 (每小题10分,共20分。)

1. 试设计一条自动运输线,该运输线上有两台电动机 M1、M2,M1 拖动运输机,M2 拖动卸料机。要求:

(1)M1 启动后,才允许 M2 启动;
(2)M2 先停止,经一段时间后 M1 才自动停止,M2 还可单独停止;
(3)两台电动机均有短路保护和长期过载保护。

2. 一台专用机床动力头的工艺和控制流程如图 A.1.5 所示,动力头由液压系统驱动(略)。图中 YA1、YA2、YA3 为控制液压阀的电磁铁,ST1、ST2、ST3 为行程开关,SB 为按钮,试用 FX2N-48MR 型可编程控制器(PLC)设计此动力头的控制系统。要求:

(1)绘制 PLC 的安装接线图;
(2)绘制 PLC 的梯形图;
(3)编写 PLC 的指令程序。

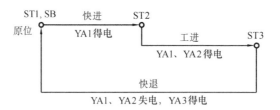

图 A.1.5

评 分 表

题 号	一	二	三	四	五	六	总 分
题 分	10	10	20	20	20	20	100
自评分							

请完成试题后再看参考答案,然后自己给自己评分。

参考答案

一、选择题
1. A； 2. B； 3. C； 4. D； 5. A。

二、填空题
1. 改变电枢电路外串电阻,改变电枢电压,改变主磁通。
2. 短路保护,过电流保护,长期过载保护,零电压与欠电压保护,弱励磁保护。
3. 全压启动,降压启动。
4. 输入继电器,输出继电器,时间继电器,计数器,辅助继电器,特殊继电器,状态元件,数据寄存器(这些元件中列出 6 个就算正确)。
5. 阳极加正向电压,控制极加正向电压,阳极电压降到零或反向,电源电压。

三、问答题
1. 如图 A.1.6 所示。

图 A.1.6

2. 采用 Y-△ 降压启动时,启动转矩为
$$T_{stY} = \frac{1}{3}T_{st\triangle} = \frac{1}{3} \times 1.2 T_N = 0.4 T_N > 0.35 T_N = T_L$$
故能够启动。

3. 图(a)所示为加速,图(b)所示为减速,图(c)所示为减速,图(d)所示为减速。
4. 启动转矩大,电流小,平滑,安全可靠,简单方便,功耗小。
5. $T_L = 0$ 时飞车,$T_L = T_N$ 时电枢电流很大。

四、阅读分析
1. 图 A.1.2 所示电路是异步电动机的 Y-△ 降压启动控制电路。其工作过程如下:

按SB2 {
 KM1的线圈得电 { 常开触点 —— 闭合,自锁
           常开触点 —— 闭合
 KM3的线圈得电 { 常开触点 —— 闭合,电动机M绕组成Y形连接,降压启动
           常闭触点 —— 断开,保证KM2的线圈失电
 KT的线圈得电, { 常闭触点 —— 断开 → KM3的线圈失电 { 常开触点 —— 断开 → 断开Y形连接
 延时后   常闭触点 —— 闭合 → KM2的线圈失电
        常开触点 —— 闭合
}

{ 常开触点 —— 闭合,自锁
 常闭触点 —— 断开,与KM3起互锁作用
 常开触点 —— 闭合,电动机M绕组成△形连接运行

按SB1,则KM1、KM2失电,电动机M停转。

2. 指令语句表如下：

LD	X000	ORB		MC	M100
ANI	X001	OR	X006	LD	X015
LDI	X002	ANB		OR	M101
AND	X003	ANI	X005	ANI	T000
ORB		OUT	Y000	OUT	M101
OR	X004	LD	X012	ANI	X015
LD	X007	OR	X013	OUT	T000　K5
ANI	X010	AND	Y000	LDI	M101
LDI	X011	ANI	X014	OUT	Y001
ANI	Y000	OUT	M100	MCI	M100

五、计算题

1. 因 $T = \dfrac{1}{f} = \dfrac{1}{4000}$ s $= 0.25$ ms，故

$$T_1 = \dfrac{T(n_{01}+n_{02})}{2n_{01}} = \dfrac{0.25\times(1000+400)}{2\times 1000}\text{ ms} = 0.175 \text{ ms}$$

2.（1）如图 A.1.7 所示。

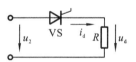

图 A.1.7

（2） $U_d = 0.45 U_2 \dfrac{1+\cos\alpha}{2} = 0.45\times 220\dfrac{1+\cos 60°}{2}$ V

$= 74.25$ V

（3） $I_d = \dfrac{U_d}{R} = \dfrac{74.25}{14.85}$ A $= 5$ A

3.（1） $T_N = 9.55\dfrac{P_N}{n_N} = 9.55\times\dfrac{5.5\times 10^3}{1500}$ N·m $= 35$ N·m

（2） $I_{aN} = \dfrac{P_N}{\eta U_N} = \dfrac{5.5\times 10^3}{0.8\times 220}$ A $= 31.25$ A

（3） $E = U_N - I_{aN}R_a = (220 - 31.25\times 0.2)$ V $= 213.75$ V

（4） $I_{st} = \dfrac{U_N}{R_a} = \dfrac{220}{0.2}$ A $= 1100$ A

（5）因 $I'_{st} = \dfrac{U_N}{R_a + R_{ad}} \leqslant 3I_{aN}$，故

$R_{ad} \geqslant \dfrac{U_N}{3I_{aN}} - R_a = \left(\dfrac{220}{3\times 31.25} - 0.2\right)$ Ω $= 2.15$ Ω

则
$$T'_{st} = K_t \Phi I'_{st} = 9.55 K_e \Phi I'_{st} = 9.55 \frac{E}{n_N} \times 3 I_{aN}$$
$$= 9.55 \times \frac{213.75}{1500} \times 3 \times 31.25 \text{ N·m} = 127.6 \text{ N·m}$$

4.(1)如图 A.1.8 所示。

(2) $D = \dfrac{n_{max}}{n_{min}} = \dfrac{n_{01} - \Delta n_N}{n_{02} - \Delta n_N} = \dfrac{1450 - 50}{100 - 50} = 28$

$S = \dfrac{\Delta n_N}{n_{02}} \times 100\% = \dfrac{50}{100} \times 100\% = 50\%$

(3)由 $D = \dfrac{n_{max} S}{\Delta n_N (1-S)}$ 可知,在 n_{max} 与 S 一定时,扩大调速范围的方法是减小 Δn_N,调速系统应采用由转速负反馈组成的闭环系统。

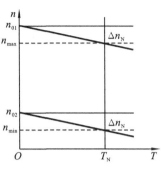

图 A.1.8

六、设计题

1.如图 A.1.9 所示。

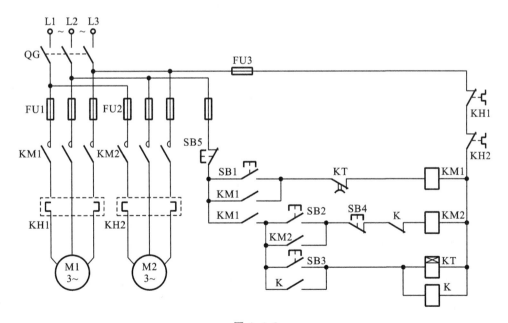

图 A.1.9

2.(1)安装接线图为图 A.1.10。

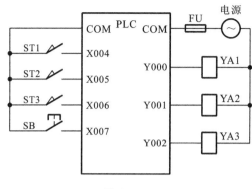

图 A.1.10

(2)梯形图为图 A.1.11。

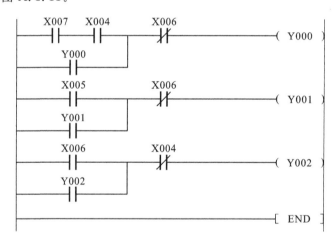

图 A.1.11

(3)指令语句表如下：

LD	X007	LD	X005	OR	Y002
AND	X004	OR	Y001	ANI	X004
OR	Y000	ANI	X006	OUT	Y002
ANI	X006	OUT	Y001	END	
OUT	Y000	LD	X006		

模拟试题 Ⅱ

一、选择题 （从下列各题备选答案中选出一个正确答案,并将其代号写在题后的括号内。每小题 2 分,共 10 分。）

1. 交流电器的线圈能否接入与其额定电压相等的直流电源中使用？ （　　）
   A. 能　　　　　　　　B. 不能
2. 直流电动机调速系统中,若想采用恒功率调速,则可改变____。 （　　）
   A. U　　　　　　　　B. K_e　　　　　　　　C. Φ
3. 对一台确定的步进电动机而言,其步距角取决于_____。 （　　）
   A. 输入脉冲的频率　B. 输入脉冲的幅值　C. 电动机的通电方式　D. 电动机的负载大小
4. 三相笼型异步电动机在相同电源电压下,空载启动的启动转矩比满载启动的启动转矩_____。 （　　）
   A. 小　　　　　　　　B. 大　　　　　　　　C. 相同
5. 三相异步电动机带动恒转矩负载运行时,若电源电压降低了,此时电动机转矩_____。 （　　）
   A. 增大　　　　　　　B. 减小　　　　　　　C. 不变

二、填空题 （每小题 2 分,共 10 分。）

1. 可编程控制器(PLC)的硬件主要由_____、_____和_____三部分组成。
2. 直流电动机的启动方法有_____和_____。
3. 三相笼型异步电动机常用的调速方法有_____和_____。
4. 通电延时的时间继电器有两个延时动作的触头,即_____（符号为_____）和_____（符号为_____）;断电延时的时间继电器有两个延时动作的触头,即_____（符号为_____）和_____（符号为_____）。
5. 晶闸管的几个主要参数是_____、_____、_____和_____。

三、问答题 （回答要点,并作简明扼要的解释。每小题 4 分,共 20 分。）

1. FX2N 型 PLC 选用 C56 号计数器,对 X000 为 1 的时间进行计时,试绘制其梯形图,并写出指令程序。
2. 单相异步电动机为什么没有启动转矩？常采用哪些方法启动？
3. 电流截止负反馈的作用是什么？试画出其转速特性 $n = f(I_a)$,并加以说明;转折点电流 I_0,堵转电流 I_{a0},比较电压 U_b 如何选？
4. 试说明图 A.2.1 所示的几种情况下,系统的运行状态是加速,减速,还是匀速？（图中箭头方向为转矩的实际作用方向。）
5. 如图 A.2.2 所示,曲线 1 和曲线 2 分别为电动机和负载的机械特性曲线。试问:电动机能否在点 A 稳定运行？为什么？

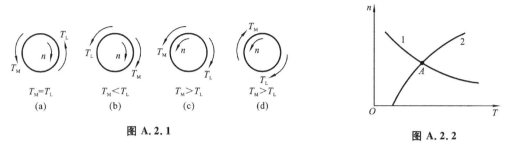

图 A.2.1　　　　　　　　　　　图 A.2.2

四、阅读分析 （每小题10分,共20分。）

1. 图 A.2.3 为机床间歇润滑的控制电路图,M 为润滑油泵电动机。试说明开关 S 和按钮 SB1 的作用,并分析此电路的工作原理(过程)。

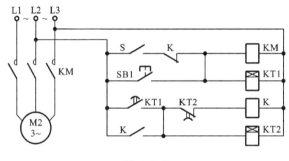

图 A.2.3

2. 图 A.2.4 所示的梯形图为一完整的控制程序段,试用 FX2N 型 PLC 的指令写出其指令语句表。

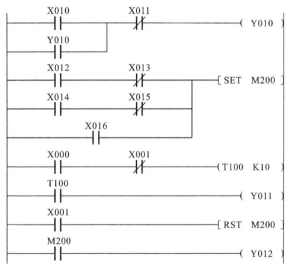

图 A.2.4

五、计算题 (要求写出主要计算步骤及结果。每小题5分,共20分。)

1. 一台三相反应式步进电动机按 A→AB→B→BC→C→CA→A 方式通电,转子的齿数 $z=80$,控制绕组输入电脉冲的频率 $f=400$ Hz,试求其步距角 β 和转数 n。

2. 一台直流电动机脉宽调速系统(PWM-M),若外加电源电压 $U(E)=110$ V,脉冲频率 $f=5000$ Hz,在脉冲周期内全导通时的理想空载转速 $n_{01}=1600$ r/min,如要求电动机的理想空载转速 $n_{02}=800$ r/min,试问:此系统在一脉冲周期内的导通时间(脉冲宽度)T_1 应是多少?

3. 一调速系统在高速时的理想空载转速 $n_{01}=1850$ r/min,低速时的理想空载转速 $n_{02}=150$ r/min,额定负载时的转速降 $\Delta n_N=50$ r/min。

(1) 试求调速范围 D 和系统的静差度 S;

(2) 写出系统的调速范围 D、静差度 S、最高转速 n_{max} 和转速降 Δn_N 四者之间的关系;

(3) 绘制该系统的静特性曲线;

(4) 在 n_{max} 与 S 一定时,扩大调速范围的方法是什么?

4. 一台电阻炉的电阻 $R=29.7$ Ω,为了调节加热温度,用晶闸管组成单相半控桥式可控整流电路来控制,接在电压 $u_2=\sqrt{2}\times220\sin(\omega t)$ 的交流电源上。

(1) 绘制可控整流电路图;

(2) 当控制角 $\alpha=60°$ 时,求加在电炉上的电压平均值 U_d;

(3) 当控制角 $\alpha=60°$ 时,求通过电炉的电流平均值 I_d。

六、设计题 (每题10分,共20分。)

1. 试设计一个工作台前进—退回的控制线路。工作台由电动机 M 拖动,行程开关 ST1、ST2 分别装在工作台的原位和终点。要求:

(1) 工作台能自动实现前进—后退—停止到原位;

(2) 工作台前进到达终点后停一下再后退;

(3) 工作台在前进中可以人为地使它立即后退到原位;

(4) 有短路保护和长期过载保护。

试绘制主电路和控制电路。

2. 试用 FX2N 型 PLC 设计三相笼型异步电动机 Y-△换接启动的控制程序。

(1) 绘制主电路;　　　　(2) 绘制 PLC 的实际接线图;

(3) 绘制 PLC 的梯形图;　(4) 写出 PLC 的指令程序。

评 分 表

题 号	一	二	三	四	五	六	总 分
题 分	10	10	20	20	20	20	100
自评分							

请完成试题后再看参考答案,然后自己给自己评分。

参 考 答 案

一、选择题

1. B； 2. C； 3. C； 4. C； 5. C。

二、填空题

1. CPU,存储器,输入/输出接口。

2. 降压启动,电枢电路外串启动电阻。

3. 变极调速,变频调速。

4. 延时闭合的常开触点,＿＿,延时断开的常闭触点,＿＿,延时闭合的常闭触点,＿＿,延时断开的常开触点,＿＿。

5. 断态重复峰值电压 U_{DRM},反向重复峰值电压 U_{RRM},额定通态平均电流 I_T,维持电流 I_H。

三、问答题

1. 如图 A.2.5 所示。

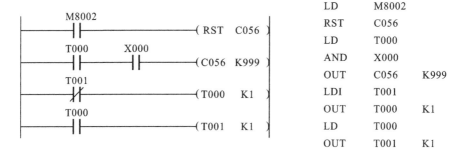

图 A.2.5

2. 因为单相交流电产生脉动磁场,不产生旋转磁场,所以 $T_{st}=0$。常采用电容分相式和罩极式两种启动方法。

3. 作用是当电动机严重过载时,人为地造成"堵转",防止电枢电流过大而烧坏电动机。转速特性曲线 $n=f(I_a)$ 如图 A.2.6 所示。I_0 以前为稳定运行的硬特性区;I_0 以后为软特性区,n 迅速下降,而 I_a 却增加不多,起到了"限流"作用。其中 $I_0=KI_{aN}=1.35I_{aN}$,$I_{a0}=(2\sim2.5)I_{aN}$,$U_b\leqslant KI_{aN}R-U_{b0}$。

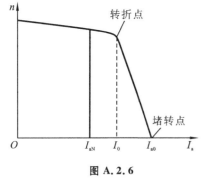

图 A.2.6

4. 图(a)所示为减速,图(b)所示为减速、图(c)所示为加速,图(d)所示为减速。

5. 能。因为当 $n>n_A$ 时,$T_M<T_L$;反之,当 $n<n_A$ 时,$T_M>T_L$。

四、阅读分析

1. 开关 S、按钮 SB1 的作用及电路的工作过程如下：

(1) S 是进行自动间歇润滑的控制开关,控制电路的工作过程;KT1 决定润滑时间;KT2 决定不润滑的时间。

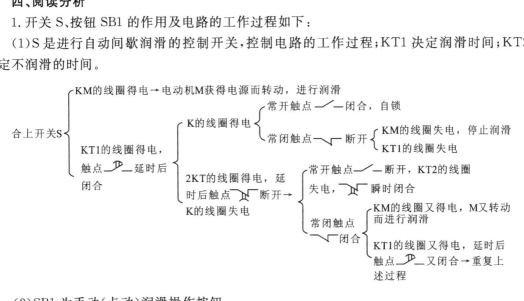

(2) SB1 为手动(点动)润滑操作按钮。

断开开关 S $\begin{cases} 按 \text{SB1},则 \text{KM} 的线圈得电,M 转动进行润滑, \\ 松开 \text{SB1},则 \text{KM} 的线圈失电,M 停止,不润滑。 \end{cases}$

2. 指令语句表如下：

LD	X010	ANI	X015	LD	T100
OR	Y010	ORB		OUT	Y011
ANI	X011	OR	X016	LD	X001
OUT	Y010	SET	M200	RST	M200
LD	X012	LD	X000	LD	M200
ANI	X013	ANI	X001	OUT	Y012
LDI	X014	OUT	T100 K10		

五、计算题

1.
$$\beta = \frac{360°}{Kmz} = \frac{360°}{2\times3\times80} = 0.75°$$

$$n = \frac{60}{Kmz}f = \frac{60}{2\times3\times80}\times400 \text{ r/min} = 50 \text{ r/min}$$

2. 因 $T = \dfrac{1}{f} = \dfrac{1}{5000}$ s = 0.2 ms,故

$$T_1 = \frac{T(n_{01}+n_{02})}{n_{01}\times 2} = \frac{0.2\times(1600+800)}{2\times1600} \text{ ms} = 0.15 \text{ ms}$$

3. (1) $D = \dfrac{n_{\max}}{n_{\min}} = \dfrac{n_{01} - \Delta n_N}{n_{02} - \Delta n_N} = \dfrac{1850 - 50}{150 - 50} = 18$, $S = \dfrac{\Delta n_N}{n_{02}} \times 100\% = \dfrac{50}{150} \times 100\% = 33.33\%$

(2) $$D = \dfrac{n_{\max} S}{\Delta n_N (1-S)}$$

(3) 如图 A.2.7 所示。

(4) 在 $n_{\max}$ 与 S 一定时,扩大调速范围的方法是减小 Δn_N。

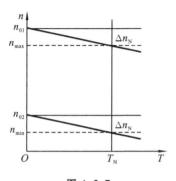

图 A.2.7

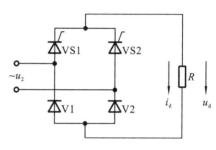

图 A.2.8

4. (1) 如图 A.2.8 所示。

(2) $$U_d = 0.9 U_2 \dfrac{1+\cos\alpha}{2} = 0.9 \times 220 \dfrac{1+\cos 60°}{2} \text{ V} = 148.5 \text{ V}$$

(3) $$I_d = \dfrac{U_d}{R} = \dfrac{148.5}{29.7} \text{ A} = 5 \text{ A}$$

六、设计题

1. 如图 A.2.9 所示。

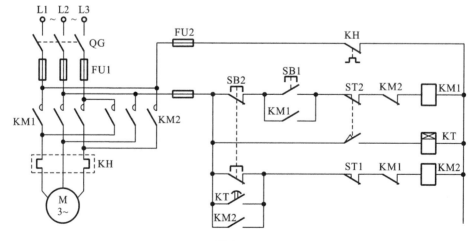

图 A.2.9

2.(1)主电路如图 A.2.10 所示。

(2)实际接线图为图 A.2.11。

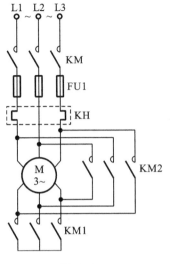

图 A.2.10

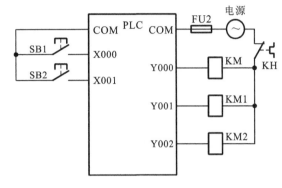

图 A.2.11

(3)梯形图为图 A.2.12。

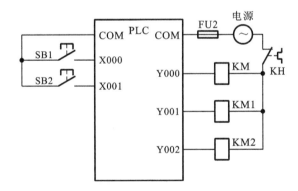

图 A.2.12

(4)指令语句表如下：

LD	X000		OUT	T001	K55	LD	T001
OR	Y000		LD	Y000		OR	Y002
ANI	X001		ANI	T000		AND	Y000
OUT	Y000		ANI	Y002		ANI	Y001
OUT	T000	K50	OUT	Y001		OUT	Y002

模拟试题 Ⅲ

一、选择题 （从下列各题备选答案中选出一个正确答案,并将其代号写在题后的括号内,每小题 2 分,共 10 分。）

1. 交流电器的线圈能否串联使用？　　　　　　　　　　　　　　　　（　　）
   A. 能　　　　　　　B. 不能
2. 电源线电压为 380 V,三相笼型异步电动机定子每相绕组的额定电压为 220 V 时,能否采用 Y-△降压启动？　　　　　　　　　　　　　　　　　　　　　　（　　）
   A. 能　　　　　　　B. 不能
3. 步进电动机转角与脉冲电源的关系是_____。　　　　　　　（　　）
   A. 与输入脉冲频率成正比　　　　　B. 与输入脉冲数成正比
   C. 与输入脉冲宽度成正比　　　　　D. 与输入脉冲幅值成正比
4. 三相笼型异步电动机在运行中断了一根电源线,则电动机的转速_____。（　　）
   A. 增大　　　　　　B. 减小　　　　　　C. 停转
5. 加快机电传动系统的过渡过程,可以增大_____。　　　　　　　（　　）
   A. GD^2　　　　　B. n　　　　　　　C. T_M

二、填空题 （每小题 2 分,共 10 分。）

1. 三相笼型异步电动机有_____、_____和_____等降压启动方法。
2. 可编程控制器(PLC)硬件的核心部分是_____;存储器用来_____和_____,程序存储器分为_____和_____两大部分。
3. 电磁接触器由_____、_____、_____和_____几个主要部分组成。
4. 晶闸管可控整流电路的负载常有_____、_____和_____。
5. 生产机械对电动机调速系统提出的主要静态技术指标有_____、_____和_____。

三、问答题 （回答要点,并作简明扼要的解释。每小题 4 分,共 20 分。）

1. 有静差调节系统和无静差调节系统的含义是什么？
2. 何谓恒转矩调速和恒功率调速？
3. 图 A.3.1 中各物理量的方向均是实际方向,试在圆内标明哪些作发电机(标 G)运行,哪些作电动机(标 M)运行。
4. 何谓整流器？何谓逆变器？何谓有源逆变器？何谓无源逆变器？试用简单电路图说明无源逆变器的工作原理。
5. 为什么直流电动机直接启动时启动电流很大？

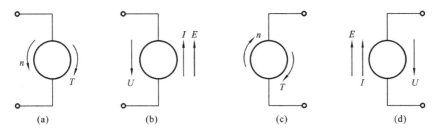

图 A.3.1

四、阅读分析 (每小题 10 分,共 20 分。)

1. 试说明图 A.3.2 的控制功能(是什么控制电路),并分析其工作原理(过程)。

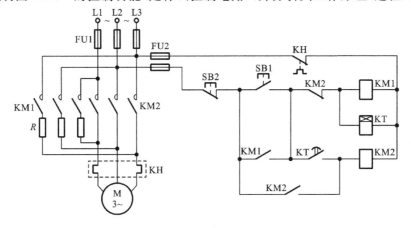

图 A.3.2

2. 设梯形图(见图 A.3.3)为一完整的控制程序,试用 FX2N-48MR 型 PLC 的指令写出其

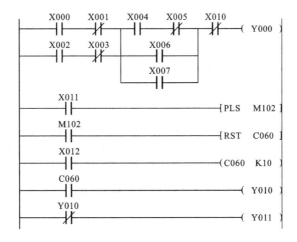

图 A.3.3

指令语句表。

五、计算题 （要求写出主要计算步骤及结果。每小题 5 分,共 20 分。）

1. 直流他励电动机的等效电路图为图 A.3.4,其铭牌数据为 $P_N=5.5$ kW,$U_N=U_f=220$ V,$n_N=1500$ r/min,$\eta=0.8$,$R_a=0.2$ Ω,$R_f=110$ Ω。

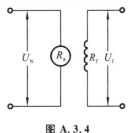

图 A.3.4

(1)求额定励磁电流 I_{fN}；　　(2)求励磁功率 P_f；
(3)求额定转矩 T_N；　　(4)求额定电枢电流 I_{aN}；
(5)求额定电枢电流时的反电动势；
(6)求直接启动时的启动电流；
(7)若使启动电流为三倍的额定电流,则电枢应串入多大的启动电阻？

2. 一直流电动机脉宽调速系统(PWM-M),若外加电源电压 $U(E)=220$ V,脉冲频率 $f=2000$ Hz,在脉冲周期内全导通时的理想空载转速 $n_{01}=900$ r/min,如要求电动机的理想空载转速 $n_{02}=225$ r/min,试问:此系统在一脉冲周期内的导通时间(脉冲宽度)T_1 应是多少？

3. 一台三相笼型异步电动机的铭牌数据为 $P_{2N}=10$ kW,$n_N=1460$ r/min,$U_N=380$ V,采用 △ 接法,$\eta_N=0.868$,$\cos\varphi_N=0.88$,$T_{st}/T_N=1.5$,$I_{st}/I_N=6.5$。

(1)求额定输入电功率 P_{1N}；　　(2)求额定转差率 S_N；
(3)求额定电流 I_N；　　(4)求输出的额定转矩 T_N；
(5)采用 Y-△ 降压启动时的启动电流和启动转矩。

4. 一台三相反应式步进电动机按 A→AB→B→BC→C→CA→A 方式通电,转子的齿数 $z=120$,控制绕组输入电脉冲的频率 $f=3000$ Hz。试求其步距角 β 和转数 n。

六、设计题 （每小题 10 分,共 20 分。）

1. 试设计两台电动机 M1 和 M2 顺序启、停的控制线路,要求:
(1)M1 启动后,M2 立即自动启动；
(2)M1 停止后,M2 延时一段时间后才停止；
(3)M2 还可以实现点动调整工作；
(4)两台电动机均有短路、长期过载保护。
试绘出主电路和控制电路。

2. 试用 FX2N-48MR 型 PLC 设计一条自动运输线的控制电路和程序。该自动线由两台笼型异步电动机拖动,其中 M1 拖动运输机,M2 拖动卸料机。要求:M1 先启动,经一段时间后,M2 才允许启动；M2 停止后,才允许 M1 停止。
(1)绘制电动机主电路(有短路保护和长期过载保护)；
(2)绘制 PLC 的安装接线图；
(3)绘制 PLC 的梯形图；
(4)编写 PLC 的指令程序。

评 分 表

题 号	一	二	三	四	五	六	总 分
题 分	10	10	20	20	20	20	100
自评分							

请完成试题后再看参考答案,然后自己给自己评分。

参 考 答 案

一、选择题

1. B； 2. B； 3. B； 4. B； 5. C。

二、填空题

1. 定子串电阻,星形-三角形,自耦变压器。

2. CPU,存放程序,数据,系统程序存储器,用户程序存储器。

3. 铁芯,线圈,触头,灭弧装置。

4. 阻性负载,感性负载,反电动势负载。

5. 调速范围,静差度,平滑性。

三、问答题

1. 依靠被调量(如转速)与给定量之间的偏差来进行调节,使被调量接近不变,但又必须具有偏差(即 $\Delta U \neq 0$)的反馈控制系统,即有静差调节系统。该系统中采用比例调节器。

依靠偏差进行调节,使被调量等于给定量(即 $\Delta U = 0$)的反馈控制系统,即无静差调节系统。该系统中采用比例积分调节器。

2. 在调速过程中维持转矩不变的调速称为恒转矩调速;在调速过程中维持功率不变的调速称为恒功率调速。

3. 图(a)所示为 G,图(b)所示为 G,图(c)所示为 M,图(d)所示为 M。

4. 交流电变成直流电的装置称为整流器,反之称为逆变器;把直流电逆变为同频率的交流电反馈到电网称为有源逆变器;把直流电逆变为某一频率或可变频率的交流电供给负载称为无源逆变器,无源逆变器的工作原理如图 A.3.5 所示。

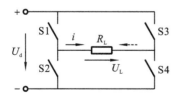 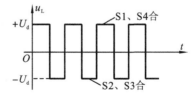

图 A.3.5

5. 因电枢加上额定电压,而电枢电阻很小机械惯性使 n 不能突变为零,故 $I_{st} = \dfrac{U_N}{R_a}$ 很大。

四、阅读分析

1. 图 A.3.2 所示是一台三相异步电动机定子串电阻降压启动的控制电路。其工作过程如下:

按SB1 {
 KM1的线圈得电 { 常开触点 —/— 闭合,自锁
       常闭触点 —/— 闭合,M的定子中接入电阻R降压启动
 KT的线圈得电,延时后 —/— 闭合,KM2的线圈得电 { —/— 闭合,自锁
                 —/— 断开,KM1的线圈失电 —/— 断开
                 —/— 闭合,M正常运行
}

按SB2,KM2的线圈失电,M停转

2. 指令语句表如下:

LD	X000	OR	X007	LD	X012	
ANI	X001	ANB		OUT	C060	K10
LD	X002	ANI	X010	LD	C060	
ANI	X003	OUT	Y000	OUT	Y010	
ORB		LD	X011	LDI	Y010	
LD	X004	PLS	M102	OUT	Y011	
ANI	X005	LD	M102	ENI		
OR	X006	RST	C060			

五、计算题

1.(1) $\quad I_{fN} = \dfrac{U_f}{R_f} = \dfrac{220}{110} \text{ A} = 2 \text{ A}$

(2) $\quad P_f = U_f I_{fN} = 220 \times 2 \text{ W} = 440 \text{ W}$

(3) $\quad T_N = 9.55 \dfrac{P_N}{n_N} = 9.55 \times \dfrac{5.5 \times 10^3}{1500} \text{ N·m} = 35 \text{ N·m}$

(4) $\quad I_{aN} = \dfrac{P_N}{\eta U_N} = \dfrac{5.5 \times 10^3}{0.8 \times 220} \text{ A} = 31.25 \text{ A}$

(5) $\quad E = U_N - I_{aN} R_a = (220 - 31.25 \times 0.2) \text{V} = 213.75 \text{ V}$

(6) $\quad I_{st} = \dfrac{U_N}{R_a} = \dfrac{220}{0.2} \text{ A} = 1100 \text{ A}$

(7) $\quad I = 3 I_{aN} = 3 \times 31.25 \text{ A} = 93.75 \text{ A}$

因 $I = \dfrac{U_N}{R_a + R_{ad}} = \dfrac{220}{0.2 + R_{ad}} = 93.75 \text{ A}$,故

$$R_{ad} = 2.15 \ \Omega$$

2. 因 $T = \dfrac{1}{f} = \dfrac{1}{2000}$ s $= 0.5$ ms，故

$$T_1 = \dfrac{T(n_{01}+n_{02})}{n_{01} \times 2} = \dfrac{0.5 \times (900+225)}{2 \times 900} \text{ ms} = 0.3125 \text{ ms}$$

3. (1) $\quad P_{1N} = \dfrac{P_N}{\eta_N} = \dfrac{10}{0.868}$ kW $= 11.52$ kW

(2) $\quad S_N = \dfrac{n_0 - n_N}{n_0} = \dfrac{1500-1460}{1500} = 0.027$

(3) $\quad I_N = \dfrac{P_{1N}}{\sqrt{3}U_N \cos\varphi} = \dfrac{11.52}{\sqrt{3} \times 380 \times 0.88}$ A $= 20$ A

(4) $\quad T_N = 9.55 \dfrac{P_N}{n_N} = 9.55 \times \dfrac{10 \times 10^3}{1460}$ N·m $= 65.4$ N·m

(5) $\quad I_{stY} = \dfrac{I_{st}}{3} = \dfrac{6.5 I_N}{3} = 43.3$ A，$\quad T_{stY} = \dfrac{T_{st}}{3} = \dfrac{1.5 T_N}{3} = 32.7$ N·m

4. $\quad \beta = \dfrac{360°}{Kmz} = \dfrac{360°}{2 \times 3 \times 120} = 0.5°$

$$n = \dfrac{60}{Kmz}f = \dfrac{60}{2 \times 3 \times 120} \times 3000 \text{ r/min} = 250 \text{ r/min}$$

六、设计题

1. 如图 A.3.6 所示。

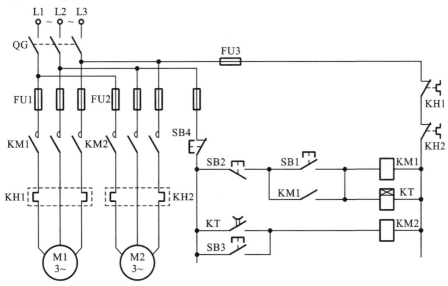

图 A.3.6

2. (1) 主电路如图 A.3.7 所示。

(2)安装接线图为图 A.3.8。

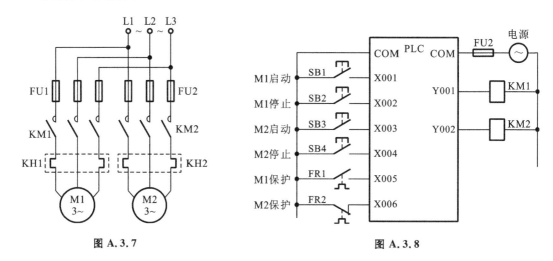

图 A.3.7　　　　　　　　　　　图 A.3.8

(3)梯形图为图 A.3.9。

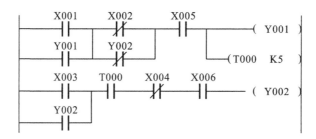

图 A.3.9

(4)指令语句表如下：

LD	X001	AND	X005		AND	T000
OR	Y001	OUT	Y001		ANI	X004
LDI	X002	OUT	T000	K5	AND	X006
OR	Y002	LD	X003		OUT	Y002
ANB		OR	Y002			

模拟试题 Ⅳ

一、选择题 （从下列各题备选答案中选出一个正确答案,并将其代号写在题后的括号内。每小题2分,共10分。）

1. 直流电器的线圈能否接入与其额定电压相等的交流电源使用？ （　　）
   A. 能　　　　　　　　B. 不能

2. 一台直流他励电动机在稳定运行时,电枢反电动势 $E=E_1$,如负载转矩 $T_L=$ 常数,外加电压和电枢电路中的电阻均不变,问减弱励磁使转速上升到新的稳定值后,电枢反电动势 E 相对 E_1 将＿＿＿＿。 （　　）
   A. 增大　　　　　　　B. 减小　　　　　　　C. 相等

3. 加快机电传动系统的过渡过程,可以减小＿＿＿。 （　　）
   A. GD^2　　　　　　　B. n　　　　　　　　C. T_M

4. 绕线转子异步电动机采用转子串电阻启动时,所串电阻愈大,启动转矩＿＿＿＿＿＿。
   （　　）
   A. 愈大　　　　　　　B. 愈小　　　　　　　C. 不一定(可大可小)

5. 三相笼型异步电动机带动一定负载运行时,若电源电压降低了,此时电动机转速＿＿＿＿。
   （　　）
   A. 增大　　　　　　　B. 减小　　　　　　　C. 不变

二、填空题 （每小题2分,共10分。）

1. 生产机械对电动机调速系统提出的主要动态技术指标有＿＿＿＿、＿＿＿＿和＿＿＿＿。

2. 三相绕线转子异步电动机常用＿＿＿＿进行启动和调速,也可以用＿＿＿＿进行启动。

3. 三相笼型异步电动机的电气制动停转方法有＿＿＿＿和＿＿＿＿。

4. PLC是一种专用微机,但用作逻辑控制器时,可将其内部结构等效为一个＿＿＿＿,输入接口电路称为＿＿＿＿,输出接口电路称为＿＿＿＿。

5. 对晶闸管触发电路产生触发脉冲的要求主要有＿＿＿＿、＿＿＿＿、＿＿＿＿、＿＿＿＿和＿＿＿＿。

三、问答题 （回答要点,并作简明扼要的解释。每小题4分,共20分。）

1. 积分调节器为什么能消除静态误差？

2. 如图 A.4.1 所示,图中各物理量的方向均是实际方向,试在圆内标明哪些作发电机(标 G)运行,哪些作电动机(标 M)运行。

3. 什么是调速范围？什么是静差度？这两项静态指标之间有何关系？

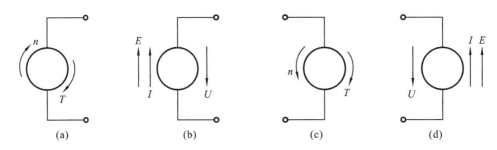

图 A.4.1

4. 一台三相异步电动机正常运行时为△接法,在额定电压 U_N 下启动时,其 $T_{st}=1.2T_N$,若采用 Y-△降压启动,试问:当负载转矩 $T_L=45\%T_N$ 时电动机能否启动?为什么?

5. 一般同步电动机为什么要采用异步启动法?

四、阅读分析 (每小题 10 分,共 20 分。)

1. 试说明图 A.4.2 所示电路的功能(是什么控制电路),并分析其工作原理。

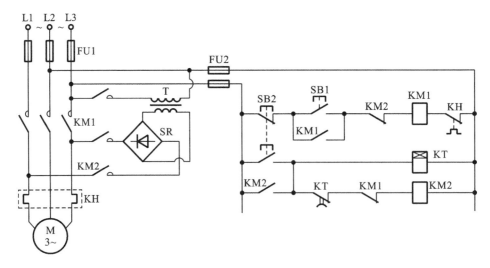

图 A.4.2

2. 设图 A.4.3 所示的梯形图为一完整的控制程序,试用 FX2N-48MR 型 PLC 的指令写出其指令语句表。

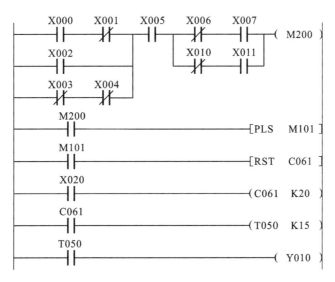

图 A.4.3

五、计算题 （要求写出主要计算步骤及结果。每小题5分,共20分。）

1. 一台电炉的电阻 $R=18.5\ \Omega$,为调节加热温度,用晶闸管组成单相半控桥式可控整流电路控制,接在电压 $u_2=\sqrt{2}\times220\sin(\omega t)$ 的交流电源上。
   (1) 绘制可控整流电路图;
   (2) 当控制角 $\alpha=30°$ 时,求加在电炉上的电压平均值 U_d;
   (3) 当控制角 $\alpha=30°$ 时,求通过电炉的电流平均值 I_d;
   (4) 绘制 u_2、u_d、i_d、u_{VS} 的波形。

2. 一台三相反应式步进电动机按 A→AB→B→BC→C→CA→A 方式通电,转子的齿数 $z=160$,控制绕组输入电脉冲的频率 $f=800\ \text{Hz}$,试求其步距角 β 和转数 n。

3. 一台三相笼型异步电动机的额定数据为 $P_{2N}=10\ \text{kW}$,$n_N=1460\ \text{r/min}$,$U_N=380\ \text{V}$,采用△接法,$\eta_N=0.868$,$\cos\varphi_N=0.88$,$T_{st}/T_N=1.5$,$I_{st}/I_N=6.5$。
   (1) 求定子磁极对数 p;　　(2) 求额定输入电功率 P_{IN};
   (3) 求额定转差率 S_N;　　(4) 求额定电流 I_N;
   (5) 求输出的额定转矩 T_N;　　(6) 求采用 Y-△降压启动时的启动电流和启动转矩;
   (7) 当负载转矩为 $30\ \text{N}\cdot\text{m}$ 时,该电动机能否采用 Y-△降压启动?

4. 一直流电动机脉宽调速系统(PWM-M),若外加电源电压 $U(E)=220\ \text{V}$,脉冲频率 $f=4000\ \text{Hz}$,在脉冲周期内全导通时的理想空载转速 $n_{01}=450\ \text{r/min}$。如要求电动机的理想空载转速 $n_{02}=45\ \text{r/min}$,试问:此系统在一脉冲周期内的导通时间(脉冲宽度)T_1 应是多少?

六、设计题 （每小题 10 分,共 20 分）

1. 设计一条自动运输线的继电器-接触器控制电路,由两台笼型异步电动机拖动,M1 拖动运输机,M2 拖动卸料机。要求:

(1) M1 先启动,经一段时间后,M2 才允许启动;

(2) M2 停止后,才允许 M1 停止。

2. 试用 FX2N-48MR 型 PLC 设计三相笼型异步电动机正、反转的控制程序。

(1) 绘制主电路;   (2) 绘制 PLC 的实际接线图;

(3) 绘制 PLC 的梯形图;   (4) 写出 PLC 的指令程序。

评 分 表

题 号	一	二	三	四	五	六	总 分
题 分	10	10	20	20	20	20	100
自评分							

请完成试题后再看参考答案,然后自己给自己评分。

参 考 答 案

一、选择题

1. B;   2. B;   3. A;   4. C;   5. B。

二、填空题

1. 最大超调量,振荡次数,过渡过程时间。

2. 电阻器,频敏变阻器。

3. 反接制动,能耗制动。

4. 继电器系统,输入继电器,输出继电器。

5. 足够大的触发电压和电流,有一定的脉冲宽度,不触发时的输出电压小、最好为负且前沿要陡,与主电路同步。

三、问答题

1. 只要系统受干扰时出现偏差,$\Delta U \neq 0$,积分调节器就开始积分,它的输出使被调量变化,力图恢复受干扰前的数值,当完全恢复后,$\Delta U = 0$ 时,积分调节器能维持此过程中积分的数值,所以可消除静差。

2. 图(a)所示为 M,图(b)所示为 M,图(c)所示为 G,图(d)所示为 G。

3. 调速范围是指电动机在额定负载下最高转速和最低转速之比,即 $D = n_{\max}/n_{\min}$。

静差度是指负载由理想空载转速到额定负载所对应的转速降落与理想空载转速之比,即 $S = \dfrac{\Delta n}{n_0} \times 100\%$。

D 与 S 之间是相互关联的,调速范围是指在最低转速时还能满足给定静差度要求的转速可调范围;对静差率要求越小,允许的调速范围也越小。

4. 采用 Y-△ 降压启动时,启动转矩为

$$T_{stY} = \frac{1}{3} T_{st\triangle} = \frac{1}{3} \times 1.2 T_N = 0.4 T_N < 0.45 T_N = T_L$$

所以不能启动。

5. 由于一般同步电动机的电源频率高($f = 50$ Hz),转子有惯性,来不及被定子的旋转磁场所吸引,所以没有启动转矩,因此,要采用异步启动法。

四、阅读分析

1. 图 A.4.2 所示是一台三相异步电动机能耗制动的控制电路。其工作过程如下:

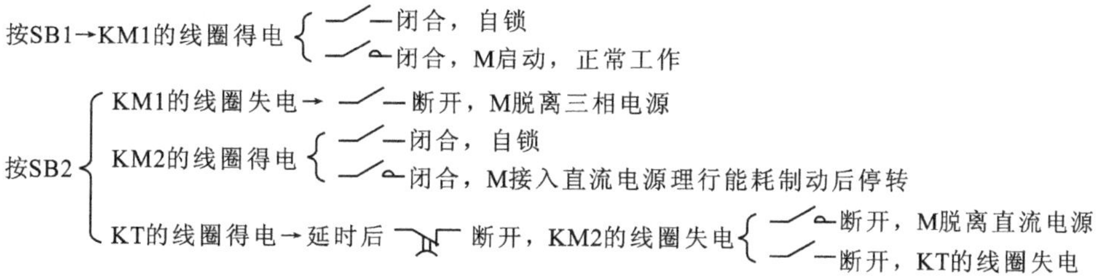

按SB1→KM1的线圈得电 { ─闭合,自锁
                    ─闭合,M启动,正常工作

按SB2 { KM1的线圈失电→─断开,M脱离三相电源
       KM2的线圈得电 { ─闭合,自锁
                      ─闭合,M接入直流电源理行能耗制动后停转
       KT的线圈得电→延时后─断开,KM2的线圈失电 { ─断开,M脱离直流电源
                                                ─断开,KT的线圈失电

2. 指令语句表如下:

LD	X000	AND	X007	LD	M101	
ANI	X001	LDI	X010	RST	C061	
OR	X002	AND	X011	LD	X020	
LDI	X003	ORB		OUT	C061	K20
ANI	X004	ANB		LD	C061	
ORB		OUT	M200	OUT	T050	K15
AND	X005	LD	M200	LD	T050	
LDI	X006	PLS	M101	OUT	Y010	

五、计算题

1.(1)如图 A.4.4 所示。

(2) $$U_d = 0.9 U_2 \frac{1+\cos\alpha}{2} = 0.9 \times 220 \frac{1+\cos 30°}{2} \text{ V} = 185 \text{ V}$$

(3) $$I_d = \frac{U_d}{R} = \frac{185}{18.5} \text{ A} = 10 \text{ A}$$

(4)如图 A.4.5 所示。

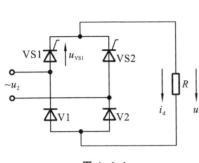

图 A.4.4   图 A.4.5

2. $$\beta = \frac{360°}{Kmz} = \frac{360°}{2 \times 3 \times 160} = 0.375°$$

$$n = \frac{60}{Kmz} f = \frac{60}{2 \times 3 \times 160} \times 800 \text{ r/min} = 50 \text{ r/min}$$

3. (1) $$p = \frac{60f}{n_0} = \frac{60 \times 50}{1500} = 2$$

(2) $$P_{IN} = \frac{P_N}{\eta_N} = \frac{10}{0.868} \text{ kW} = 11.52 \text{ kW}$$

(3) $$S_N = \frac{n_0 - n_N}{n_0} = \frac{1500 - 1460}{1500} = 0.027$$

(4) $$I_N = \frac{P_{IN}}{\sqrt{3} U_N \cos \varphi} = \frac{11.52}{\sqrt{3} \times 380 \times 0.88} \text{ A} = 20 \text{ A}$$

(5) $$T_N = 9.55 \frac{P_N}{n_N} = 9.55 \times \frac{10 \times 10^3}{1460} \text{ N} \cdot \text{m} = 65.4 \text{ N} \cdot \text{m}$$

(6) $$I_{stY} = \frac{I_{st}}{3} = \frac{6.5 I_N}{3} = \frac{6.5 \times 20}{3} \text{ A} = 43.3 \text{ A}$$

$$T_{stY} = \frac{T_{st}}{3} = \frac{1.5 T_N}{3} = \frac{1.5 \times 65.4}{3} \text{ N} \cdot \text{m} = 32.7 \text{ N} \cdot \text{m}$$

(7) 因 $T_{stY} = 32.7$ N·m > 30 N·m $= T_L$，故该电动机能采用 Y-△降压启动。

4. 因 $T = \frac{1}{f} = \frac{1}{4000}$ s $= 0.25$ ms，故

$$T_1 = \frac{T(n_{01} + n_{02})}{2 n_{01}} = \frac{0.25 \times (450 + 45)}{2 \times 450} \text{ms} = 0.1375 \text{ ms}$$

六、设计题

1. 如图 A.4.6 所示。

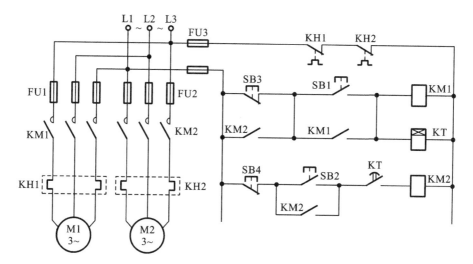

图 A.4.6

2.(1)主电路如图 A.4.7 所示。
(2)实际接线图为图 A.4.8。

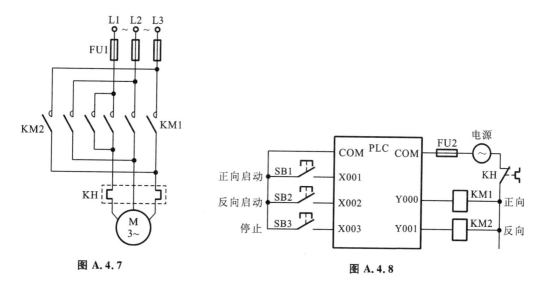

图 A.4.7

图 A.4.8

(3)梯形图为图 A.4.9。

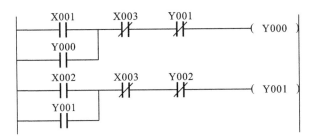

图 A.4.9

(4)指令程序如下：

LD	X001	OUT	Y000	ANI	Y002
OR	Y000	LD	X002	OUT	Y001
ANI	X003	OR	Y001		
ANI	Y001	ANI	X003		